預約**實用知識**，延伸**出版價值**

預約**實用知識**，延伸**出版價值**

기획자의 일

精準企劃

아이디어, 실행, 성과까지 일의 흐름을 정확하게 이끄는

梁銀雨

———

著

林芳如

———

譯

本書獻給天天絞盡腦汁
在第一現場的所有企劃者。

目錄

Chapter 3　用結論來闡述企劃

Chapter 4　多元思考的 A 到 Z

Chapter 5　提出史無前例的企劃案吧

Chapter 6　點子的壽命取決於執行速度

序言
你是什麼樣的企劃者呢？

　　企劃這個工作相當有魅力。從自己腦海蹦出來的點子，可以讓整個組織運作起來，或是讓大家跟隨自己的指令，有條不紊地動起來，還會有比這更吸引人的工作嗎？雖然我在職場上打滾的這 25 年來，堅持不懈地在做企劃，但是我從來沒有因為這份工作而覺得有壓力。我反而引以自豪，再困難棘手的工作，我也能抱持愉快的心情接手。

　　很遺憾的是，提到「企劃」的話，大家最先浮現的想法都是辛苦和茫然。大部分的人認為這份工作枯燥

無趣，不太想接下這份差事。但是只要是職場人士，都會有需要做企劃的一天，不是只有企劃部門的員工才要做企劃。業務或行銷部門需要企劃，生產部門亦是如此。採購、物流、人力資源、財務和戰略等等都需要企劃。企劃是公司的所有部門和全體員工不可避免會碰到的工作。

▚ 企劃也是重要的人生技能 ▜

你以為只有公司需要企劃嗎？其實日常生活中也需要。譬如說，某個決定要結婚的人想為未來的另一半製造永生難忘的驚喜。雖然也可以諮詢婚禮顧問，但是諮詢費用太高的話，所有的事情就只能自己親力親為。求婚者必須思考要在何時、何地、以什麼方式求婚？怎樣做才能感動對方，使其畢生難忘？求婚者要從零開始，策劃全新的事情，所以這樣的準備過程也能說是企劃的一種。

不是只有喜事需要企劃。被公司強迫提前退休或因

為突然離職而前途茫茫的時候，為了克服難關，進行穩定的經濟活動，此時也會需要企劃。因為自己的個性和工作或老屁股上司實在合不來，職場生活過得很痛苦的時候，也需要企劃來擺脫那個環境。企劃做得好的話，事情就能朝你期望的方向發展，最終取得好的結果。但是一不小心，也有可能導致事情出錯或出現不想要的結果。

企劃，為什麼令人覺得困難？

雖然企劃是職場或日常生活中不可或缺的一環，但是大部分的人一開始都會感到困難、茫然無助。這樣的反應或許是來自大家平日裡的經驗。從接到企劃工作的那一刻開始，就以放棄的態度面對工作，替自己打必須熬夜工作的預防針，告訴自己之後得經過三到四次的修改，或是提前做好企劃會「搞砸」的心理準備等等。大部分的人往往不會思考為什麼自己會覺得做企劃很難。知道問題是什麼才能解決問題，但是大

部分的人卻不曉得要提問、找出問題點。記住了，這世界上所有問題的線索皆來自提問。

就算從同一間大學畢業、接受相同的新進員工訓練，還是會出現有些人做事得心應手、有些人反而怎樣都成長不了的情況。這兩種人差在哪呢？根據教育學者彼得·聖吉（Peter Senge），我們需要透過洞察和反省來讓學習產生效果。也就是說，自己做的事情獲得反饋的話，必須從中檢討錯處。我們可以藉由這次的領悟，避免下次再犯同樣的錯誤，並彌補不足之處。

如果想要做好企劃，就要弄清楚反饋的含義，特別是負面的反饋，接著再尋求解決方案。收到負面反饋的時候，只會怪上司或同事，不努力改善自己的話，無論工作多久都不會有所成長。沒有人剛開始工作的時候不挨罵的，所以想做好工作的話，就得找出反饋的含義和改善方法，而不是情緒化地接受。

企劃一定成功的訣竅

　　本書將提到各式各樣的企劃訣竅。例如，找對做事的方向、理解上司的意圖並從策略性觀點出發，準確掌握問題的方法；有邏輯地分析現象與原因並整理個人意見的方法；找出能創造價值、具備差異化的創意方案；導出能讓聆聽報告的上司留下深刻印象的結論的方法；將點子具體化並擬定可行計畫的方法；說服上司，以利辛苦創造的結果轉變為成果的方法等等。

　　此外，本書還會提到如何善用資訊提升企劃品質、如何站在上司立場思考，以及跳脫拘泥於細節的觀點，站在宏觀角度處理問題的訣竅等等。

　　雖然有時候會提到眾所周知的內容，但是本書包含了我過去 25 年來做企劃的個人訣竅。就像在教導職場晚輩的時候，藉由我親身經歷過的事、周圍經常發生的事例，撰寫了這本令讀者得以輕鬆閱讀的書。我不敢說各種關於企劃的浩繁資訊都一字不漏地收錄於本書，但是至少各位在熟悉本書的內容後，再也不會覺

得做企劃是一件既可怕又困難的工作。

　　誠心期望這本書能提供實際的建議與安慰給熬夜修改企劃案的所有職場人士。

2020 年 5 月
梁銀雨

Chapter 0

我的企劃
為什麼會被拒絕？

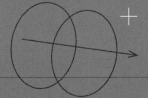

　　企劃結果的最終呈現方式是報告，所以觀察看報告的人（通常是上司或委託人）的反應，就能知道他們對企劃結果的滿意度，也可以從中得知報告缺少了什麼和有什麼令人不滿意的部分。

　　做企劃的這 25 年來，雖然我也曾經親自做簡報，但是我也常常需要在一旁看他人報告。可以說是 10% 的時間在報告，90% 的時間在觀察他人的報告。無論是什麼情況，我在做簡報的場合經常聽到以下的反應（反饋）：

　　「不是這樣……我說的不是這個啊。」

　　「這樣做對嗎？這樣做真的會成功嗎？」

　　「所以，你想說什麼？」

　　「用一句話說說看，你的結論是什麼？」

　　「你到底在想什麼？」

　　「結論怎麼是這個？前後好像有矛盾啊？」

　　「沒有其他的了嗎？」

　　「這行嗎？好像會失敗耶……」

「你打算怎麼做？」

「你的視野怎麼這麼狹隘？」

「有必要連這種事都報告嗎？」

「誰說的？那只是你的想法⋯⋯」

「可以整理得簡單一點嗎？」

「辛苦了。」

「⋯⋯。」

除此之外，還有很多其他反饋，但是歸納起來大部分都是碰到以上的反應。我想無論是誰都聽過這些話。對於自己辛辛苦苦通宵寫出來的報告，上司給出這種反饋的話，報告者大概會眼前一片茫然，浮現這樣的念頭：

「是誰要我寫這份報告的？這不是你派的工作嗎？幹嘛還要問我？」

「我想說的話？都寫在報告裡了啊，拜託仔細看報告好嗎！」

「結論？報告最後面寫了大大兩個字『結論』耶，真的有看完嗎？」

「什麼其他的東西？到底想要什麼啊？」

其實，站在報告閱讀者的角度來看的話，他們說這些話都是有原因的。就算是愛吹毛求疵的人，也不會無緣無故挑人毛病（如果是正常人的話）。那麼，我們不是可以弄清楚對方這麼說的原因，思考看看改善方法嗎？知道原因或意圖就可以對此做出反應，不知道的話就沒辦法採取任何措施了。

這種時候，我們需要的是疑惑。上司為什麼會那樣說？明明是他要我做的事，為什麼他還要裝傻問我怎麼會寫出這種報告？都讀過報告了，為什麼還要反問我的想法？我們應該要像這樣對自己提出疑問，試著找出答案。

這就像想解決問題的話，要先找出原因，想做好企劃的話，也要先弄清楚自己的報告獲得的反饋代表什麼意思。那麼，現在來更具體地解析上司常說的話或

前面提到的反饋吧。

▲ 上司的話另有別意 ▼

「不是這樣……我說的不是這個。」、「寫這種報告幹嘛？」、「誰叫你做這個的？」當上司指派工作時所抱持的期待和實際報告不符的時候，就會出現這種說辭。

譬如，公司的新產品銷售額比想像中低迷，所以組長說：「銷售額怎麼這麼低？想想對策再來跟我報告。」收到指示的組員為了提高銷售額，苦思業務或行銷策略。想了一整晚，從無到有，絞盡腦汁，終於想到可以透過各式各樣的顧客活動增加客源。揉揉犯睏的雙眼，好不容易在期限內提出報告，但是組長真正想知道的可能不是如何提升銷售額，而是提高產品競爭力的方案。

如果工作成果和下達指令者的意圖不一樣，就有可能會聽到「我說的不是這個」這句話。就算上司沒這麼說，也可能會拿紅筆大幅修改報告，或是親切地重

新解釋一遍同樣的內容。

錯誤的問題，錯誤的答案

「這樣做對嗎？這樣做真的會成功嗎？」這種反饋和問題的定義有關。就算掌握了上司的意圖，給問題下錯定義的話，還是有可能會導出與問題無關的結論。

上司不是工作的執行者，所以很常提出既有的現象當作問題。譬如，近來出生率下降是社會結構性問題之一。如果單純將問題定義為「大家都不生小孩」，那所有的解決對策都會集中在怎麼讓人民願意生小孩上面，對此提出發放生育津貼的對策。但是，低出生率的背後原因可能是，就算生了小孩也養不起，或是因為經濟、社會問題而不想生小孩。

因此，生育津貼政策很難打動不想生小孩的父母。要找出更根本的原因，改善環境或提出長期規劃才行。那麼，問題就不應該定義為「不生小孩」，而是定義成「不想生小孩」或是「缺乏扶養小孩的環境」。如此一來，

才會導出不一樣的解決方案。

　　不同的問題定義，可能會得到截然不同的結論。如果是聽到以上這類的反饋，那就要確認看看自己是否對問題做出了正確的定義。

對我的結論打問號的理由

　　「所以，你想說什麼？」、「用一句話說說看，你的結論是什麼？」、「你到底在想什麼？」這些應該是企劃者最常聽到的話。背後的意思是，報告沒有清楚表達撰寫者的意圖或意見，閱讀者不管怎麼看都無法理解撰寫者想說什麼。問題是，聽到這種反饋的執行者通常會原封不動地重述報告中的內容，邊看報告邊回答「我想說的是……」。

　　然而，上司說這些話不是想再聽一遍報告中提到的內容。就算是再沒有誠意的上司，也不會沒看過報告就質問結論是什麼。上司之所以這麼說，正是因為他們看完報告後，還是覺得主張的內容不夠明確，或是

不知道報告在寫什麼。如果撰寫者無法充分表明自己的主張，那不管看著報告解釋多少遍，雙方都談不來。企劃者和上司各自納悶，最後只會傷了彼此的和氣。

這類型的反饋背後代表了兩種意思。第一，該報告的結論不是結論。第二，結論不包含主張的內容。

首先，報告的結論不是結論，指的是撰寫者提出的結論有提跟沒提一樣，毫無意義。舉個例子，假設某個賣場的銷售持續下滑。上司要你分析原因，擬定對策，你在苦思一番後做出的結論是「需要提升顧客滿意度」。這真的可以說是結論嗎？

顧客滿意度是所有企業最應該仔細留意的部分。顧客滿意度高，公司的產品或服務使用人數才會增長，銷售或收益才有可能提升。如果將一間企業得以存在的先決條件當作結論，那這個結論有說跟沒說一樣。就像「要好好努力才行」，這也能當作結論嗎？

第二，結論不包含主張的意思是，企劃的意圖不夠清晰。也就是說，企劃的概念不夠明確。所謂的概念是指用一句話定義該怎麼解決面臨的問題。無論怎麼

看，都沒在報告中看到解決方案的話，上司當然會感到納悶。

一般來說，好的報告會在前半段闡明企劃者的主張。若企劃者和上司的想法一致，那再好不過了。不過，就算想法不同，只要內容明確，也能繼續討論。但是主張本身如果不明確，就無法對話下去。

所有的報告最後都要把企劃者想說的內容濃縮成一句話才行。這就是概念。如果閱讀者不知道報告的結論為何，也不知道報告想表達什麼，那就代表企劃者的意圖完全沒有寫到報告裡。報告者如果反覆敘述報告內容，上司只會氣得一肚子火。而企劃者可能會在內心偷罵聽不懂自己意思的上司，絕對不會立刻想到錯在自己。

那麼，企劃者為什麼會導出不像結論的結論？為什麼會得到主張不明確的結論？這很有可能是因為企劃者沒有掌握清楚問題。未能弄清楚問題和相關情況、發生問題的根本原因和解決方法等等，在對問題一知半解的情況下寫報告，就會邊寫邊感到懷疑。不確定

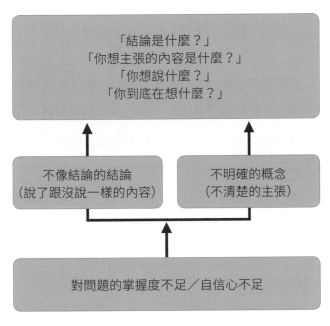

「結論是什麼？」
「你想主張的內容是什麼？」
「你想說什麼？」
「你到底在想什麼？」

不像結論的結論
（說了跟沒說一樣的內容）

不明確的概念
（不清楚的主張）

對問題的掌握度不足／自信心不足

被上司詢問結論是什麼的原因

問題是什麼，又無法將存疑的內容敘述清楚。像這種「先寫寫看再說」的想法只會喚醒「寫者生存」（有產出報告的人至少會生存下來）的本能。

◢ 找回無厘頭想法的邏輯 ◣

「結論怎麼是這個？好像前後矛盾啊？」這句話是指報告的邏輯架構不清楚。報告有邏輯的意思，是指從現象開始出發，一步一步踩過墊腳石後，會自然而然地延續到結論。但是推論過程如果很不自然，就會變成「現象和結論各說各話」，給人一種點了湯飯，但是要求餐廳把湯和飯分開的感覺。

上司這麼說的背後含義是，從現象延伸到原因或解決方案的邏輯不夠明確，未能形成合理的推論。也就是說，撰寫者寫報告的時候，應該也會感覺到現象和結論無關，或是從原因導出解決方法的過程中就像缺了一塊墊腳石，給人思緒太跳躍的感覺。因此，閱讀者不會輕易接受報告的結論。

尤其是問題很複雜的時候，經常發生這種事。企劃者沒有搞清楚問題的因果關係、未能充分考慮到各自的連結就勉強下結論，或是整個跳過邏輯思考過程，便很容易發生這種事。聽到這種反饋的時候，應該重

新審視自己提出的邏輯架構，確認各項內容是否有系統地連接在一起。

需要新穎的解決方案

「嗯，除了這個，還有其他的嗎？」企劃者聽到這種反饋，大概會覺得很傷自尊心。但是，報告在差異性或創意性方面有問題的時候，就會聽到這樣的反應。

企劃者雖然針對課題提出了自己的解決方案，但是方案太普通或任何人都能想到的話，報告閱讀者感到失望也是理所當然的事。以前我在開會或向上司報告的場合，經常目睹報告者被指責「你能想到的就這些嗎？」（不過，無論是現在或過去，上司都不應該給下屬這樣的反饋）。

閱讀者很有可能早就聽說過類似的解決方案了。人的想法都「差不多」，所以就算絞盡腦汁也很難想到新穎的想法，常常導出普通的結論，而上司必然會對這種內容感到失望。上司期望報告者能提出出乎意料的

報告，如果聽到自己早就知道的內容或和期待中的一樣，就會感到失望。「沒有其他的了嗎？」便是透露出這種失望的反饋。聽到這種話的時候，應該思考看看更特別或更有創意的方案才是正解。因為一時情緒受傷，產生「那你自己寫寫看啊」的不滿，是無法解決問題的。

◥ 小心不切實際的策略 ◤

「這行嗎？好像會失敗耶……」這句話的意思是企劃者提出來的方案不切實際或很難實現。舉個例子，假設在出生率低迷的情況下，提出增加嬰幼兒用品銷售的方案。出生率低是社會和經濟層面的問題，誰都躲不開這個事實。如果不從各方面一起改善，就沒辦法解決這個問題，一家企業是沒有能力改變整個社會結構的。所以像前面提到的那種方案，大部分都是不切實際的，需要找可行性更高的方案。

上司對企劃案內容不太確定的時候，也會給予這種

反饋。這種時候企劃者應該強調提案的可行性，給予上司信心。換句話說，企劃者需要提出確實的根據和對應策略。如果就那樣敷衍過去，先前的努力就會化為烏有了。

要提出可立刻執行的計畫

「你打算怎麼做？」這個提問背後的意思是，方案只停留在想法的階段，內容不夠具體或實施計畫不夠明確。

報告應該寫得盡善盡美。雖然你也可以分階段提出方案，並逐步實踐各個方案，但是一份好的報告本身必須在報告完畢後就能立刻執行。不能接二連三地從「最終修訂版」、「最最終修訂版」再改成「真正的最終修訂版」。寫報告的時候，務必納入可以立刻執行的具體計畫。企劃者要把自己當作直接執行方案的執行者，努力地具體描述可以立刻實踐想法的方法。

◣ 只顧及當下的工作會造成問題 ◥

「你的視野怎麼這麼狹隘？」、「怎麼思慮如此不周？」辛辛苦苦寫好報告呈給上司，結果聽到這種反饋的情況還滿常見的。這些話代表什麼意思呢？企劃者經常掉落的陷阱之一就是「只顧及當下症候群」（又稱「對症下藥症候群」，不過這兩者都是我虛構的用詞！）。

一般來說，被分派到課題之後，企劃者需盡可能在最短的時間內解決問題。企劃者因為急著提出解決方案，所以無法從多元宏觀的角度看待問題或深謀遠慮，只是一心專注於眼前的解決方案。這種處理方式就像發燒的話立刻吃退燒藥，選擇最輕鬆的方式對症下藥。所謂的「對症」，是指根據表面上的症狀用藥。然而，這個方法可能會導致更糟的後果，例如餵退燒藥給因為肝炎而發燒的人吃，有可能會害病人錯過正確治療的機會。

公司有如一套系統，某個問題可能導致另一個問題

發生。如果因為急著想阻止眼前的問題就輕易提出解
決方案，即有可能發生更嚴重的問題，碰到妨礙因素
或風險。企劃者應當以寬闊的視野，審視自己提出的
解決方案是否會造成另一個問題、是否會發生可預期
的風險或妨礙因素；若可能會發生的話，就要一併寫入
解決方案中。

◥ 這是上司想知道的內容嗎？ ◤

「那是執行者要知道的事。」、「有必要連這種事都
報告給我聽嗎？」有些上司會在聽簡報的時候，不耐
煩地說出這些話。由此可知，報告要站在閱讀者的角
度來撰寫。撰寫報告是為了消除關於問題的疑惑、協
助閱讀者做出必要的決策，或是督促決策事項的執行
進度。這三大點是我們寫報告的目的，這部分後面章
節會再提到。

所有的報告都要站在上司的立場撰寫而成。有疑惑
的人是上司，做出決策的人也是上司，支援執行解決

方案的人還是上司。如果是站在執行者或企劃者的立場來寫報告，上司就無法正常履行自己的職責。這一點也是做企劃的人經常犯的失誤之一。

那麼，該怎麼做才好呢？方法是換個立場思考。撰寫文件的人雖然是企劃者，但是應該站在上司的立場撰寫報告。為此，撰寫者應該要對自己提出這些問題：這是上司想知道的內容嗎？這些內容可以解開上司的疑惑嗎？這樣整理有利於上司做決策嗎？這樣的話，上司會覺得方案可行嗎？

尤其應該避免的情況是，自己所知的所有數據和資料未經過濾就呈報給上司。上司看完報告還要自己分析的報告絕對不能稱作好的報告，這等於是派工作給上司（某個我認識的人甚至說這是「拷問」）。實務方面的數據只在必要時刻提出來，企劃者應該自己觀察數據再傳達分析過的內容給上司。這樣才不會失去解決疑惑、協助決策或督促執行的報告目的。

不可或缺的事實查核

「誰說的？那只是你的想法……」你曾經在報告到一半的時候聽到這種反饋嗎？如果聽過，那你的報告可信度就亮起紅燈了。這有可能意味著上司對你的整份報告產生了懷疑。

一般來說，閱讀者的職等高於報告者，所以有很多機會獲得更精華的高級資訊，也具備豐富的知識或類似案例的經驗。當報告內容和自己已知的內容互相牴觸時，大部分的上司會選擇相信自己知道的事，所以自然會對報告提出疑問。

因此，在企劃過程中提及的所有資訊都要基於事實。如果是企劃者的個人意見，那一定要有充分的根據。如果僅憑主觀推論或個人意見發表報告，可能會面臨報告本身和企劃者的信賴度都降低的尷尬情況。

◣ 別浪費上司的時間 ◥

「可以整理得簡單一點嗎？」這句話的意思是，報告過於冗長，沒有重點。前面我也說過報告要完全站在上司的角度來寫，有部分原因也是為了節省上司的時間。如果把自己所知的內容、從現象導出結論的所有過程都一五一十地寫入報告中，需要掌握報告內容的上司就只能被時間追著跑了。所以大部分的上司都會說：「簡潔一點，說重點就好。」

一份好的報告要簡潔明瞭。不能單純地壓縮內容，而是要去蕪存菁。寫報告的時候，要時刻檢查是不是只留下了重點。

重要的是，聽到這種反饋之後，「應該抱持什麼樣的想法？」也就是說，對應方式很重要。因為上司要求把報告整理得簡單一點，所以把十頁的報告縮短成三頁就可以了嗎？答案是不行。雖然「可以整理得簡單一點嗎？」這句話的意思是報告太冗長，但是上司這麼說的真正理由可能是報告缺乏重點，而不是內容太多。

　　想想看，如果想表達的內容夠明確，那麼只要將它表達出來即可。正因為想法不夠明確，才會寫一大堆不需要的內容，想辦法補足報告的分量。這種時候，應該要想起我剛才說過的反饋含義。也就是說，在縮減報告內容之前，要先檢查看看自己的主張和概念是否明確。

　　回頭看看自己是否清楚掌握了報告內容、報告是否清晰表達出自己的主張或是否能用一句話概括主張等等。在這之後，才需要縮減報告分量。如果一昧減少內容空泛的報告分量，那報告就真的只剩下「空殼」了。

◤ 沒有反饋的評價很危險 ◥

　　如果閱讀者看完報告只說了一句「你辛苦了」，這算是稱讚嗎？在不同的情況下，這句話也有不同的解釋。有時候可能是稱讚，有時候可能是侮辱。如果上司是真心稱讚報告做得好，那麼這句話沒什麼問題。但是從另一方面來說，這也有可能是上司對你「不再

有所期待」的意思。就算繼續討論下去，好像也討論不出什麼新的東西來，但是企劃者為了做報告也很辛苦，所以上司才會說一句辛苦了作為結束。

實際上，我也碰過這種事。我丟了公開市場這個主題給某個組長，要他進行調查再跟我匯報。那個組長招集幾名員工，研究了一個月左右。之後向我報告了結果，但收到最終報告的執行董事只說了一句：「辛苦了。」接著又說：「很會念書嘛。」在應該創造銷售、帶來收益的企業當中，很會念書這句話是一種侮辱。所以聽到「辛苦了」的時候，絕對不能誤以為自己真的事情做得很好。應該搞清楚上司是在怎樣的脈絡之下給予那種反饋的。如果那不是稱讚，而是不抱期待的意思的話，那就有必要認真看待這個回應。

你曾經在報告的時候，看到上司打瞌睡嗎？我看過太多次了。聆聽者昏昏欲睡，在場的其他人也是，只有報告者喋喋不休。令人驚訝的是，上司打瞌睡到一半醒來，還是能把想說的話都說出來。明明剛才在打瞌睡，卻能精準地指出報告的缺點。上司只是在裝睡

嗎？絕對不是。

　　每個人都有一套「推測機制」。推測機制指的是當別人試圖說什麼的時候，自己可以預測到接下來的說話內容。如果報告內容和上司的預期吻合，那上司就沒有必要注意聆聽那份報告，因為他早就透過豐富的經驗知道類似的案例了。也因此上司打瞌睡醒來，說出自己已知的事實的時候，報告者往往會大吃一驚。

　　這種時候，該怎麼做才好？每次報告的時候，都要任由聆聽者打瞌睡嗎？這時候要破壞聆聽者的推測機制才行。也就是說，要在報告中加入可以破壞對方的推測機制的內容，例如不再提對方不抱期待的內容、改變以背景、目的、環境、推進過程等等相連的文件順序、提出新穎的方案或展現出獨特的差異性等等。藉此讓對方意識到不能在聽報告時打瞌睡。對方有了想專心聆聽的念頭，才會對報告產生興趣，仔細聆聽。

培養企劃能力的十種技巧

　　日常生活中的企劃做起來雖然辛苦卻開心。例如為了求婚、為了結婚紀念日企劃特別活動，或是規劃家族旅遊，慶祝父母的 80 大壽。因為努力籌備的企劃成果令包含自己在內的所有人感到開心，並且帶來了正面的結果。

　　但是，職場上的企劃做起來非但辛苦還令人不開心。企劃的過程苦不堪言，能從成果獲得的樂趣也少之又少。話雖如此，企劃擁有按照自己的想法改變整個組織的巨大力量。人們按照你想出來的想法行動並且使組織發生變化，還會有比這更容易深刻體會到自己的價值或感到開心的事嗎？

　　企劃的過程也是一樣。所有的企劃工作最後都會體現於報告。對獲得的報告反饋和理由產生疑問，嘗試找出答案的話，企劃能力也會有所提升。準確掌握上司的意圖，正確定義問題，根據一貫的組織架構導出色彩分明的結論，區分事實與意見並善用資訊，努力

提出有創意的方案，以獨特的方式傳遞訊息並破壞對方的推測機制，如此一來，企劃能力自然會長進。

現在來逐一瞭解讓熬夜撰寫的企劃案不會失敗的十大技巧吧。

Chapter 1

想寫企劃
得先懂「讀心術」

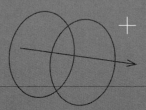

　　企劃成功的商品或服務具備幾個明顯特徵。第一，如實反應顧客的要求。第二，跟得上時代趨勢。第三，具備創新、創意或差異化要素。簡而言之，其特徵是以差異化方式滿足與趨勢相符的消費者需求。產品或服務具備上乘的品質是最基本的，這一點毋庸置疑。

　　做企劃時，最先需要考慮的要素，是掌握並滿足顧客需求。譬如說，韓國某量販店開發出來的「No Brand」*系列商品如實反應了「想低價買高品質商品」的顧客需求，所以在極短的時間內廣受消費者青睞。

　　以前雖然也有量販店或便利超商推出自有品牌（Private Brand），但是往往因為品質低，給人一種「便宜貨」的感覺，因此遭到消費者無視。但是 No Brand 系列商品物美價廉，價格只有既有商品的一半至 1/3，但品質毫不遜色，所以很符合追求性價比的消費者需求。

　　所有企劃課題的首要考量事項便是滿足顧客的需求。

---

* 韓國大賣場 E-Mart 的自有品牌。

務必掌握「真正的需求」

　　從某個角度來看，有些人可能會忽略了掌握客戶需求這一點。然而，需求的掌握能力也有可能是成敗的分水嶺。最重要的是，企劃者是否真的瞭解客戶內心的真實想法。

　　以韓國雜誌《Marianne》為例，該雜誌自我標榜為高級雜誌，摒棄占據女性雜誌大部分版面的性、謠言和醜聞等等，收錄政治、經濟、社會和文化等領域有教養的高水準內容。而且，在製作雜誌之前的企劃階段，曾以千名以上的家庭主婦為對象進行問卷調查，詢問她們是否有意願訂閱這樣的雜誌。調查結果顯示將近 95% 的家庭主婦願意訂閱。

　　然而，真正創刊之後的實際訂閱人數慘不忍睹。結果才創刊 17 個月，《Marianne》就以訂閱人數不足為由停刊了。填問卷的家庭主婦明明覺得其他現有的雜誌更好看，卻在作答時故意裝作有教養，隱瞞真實想法，所以才會出現這樣的結果。

　　韓國某家炸雞連鎖企業進軍中國市場時，也發生了同樣的事。該炸雞企業趁韓流崛起，野心勃勃地企劃進軍中國市場。針對一萬多名對象進行大規模試吃，其反響好得令人難以置信。試吃的中國人都舉起大拇指，說如果該企業進軍中國的話願意買來吃。但是，實際結果卻截然不同。

　　中國的飲食文化和韓國非常不一樣。中國人用餐並非單純只是為了填飽肚子，更是為了透過飲食炫耀自己，與他人交流。所以中國人習慣點得比真的能吃完的餐點分量還多，藉此炫耀自己的勢力，邊用餐邊跟他人建立關係，這對他們而言十分重要。但是炸雞通常是獨自在家叫外賣來吃的食物。換句話說，炸雞是根據當天情況買自己需要的分量來吃的食物，很難透過這種食物建立特別深厚的人際關係或炫耀自己的能力。所以當那間炸雞企業進軍中國市場的時候，消費者反應冷淡，和當時的大規模試吃結果截然不同。

　　還有一個問題是，隨意曲解顧客的需求。如果提供產品或服務的企業任意曲解顧客想獲得滿足的需求，

那顧客一定會轉身離去。舉個例子，某家食品公司推出的 G 咖啡為了迎合最近追求幸福與健康的消費者需求，打造「連健康都顧到的咖啡」概念。在咖啡裡加入鹿茸成分，產品名稱也是取自鹿茸的學名。

　　但是，咖啡的本質並不健康。沒有人會一邊想著健康，一邊喝咖啡。不僅咖啡本質上不健康，追求幸福概念這一點也曲解了消費者的需求，再加上鹿茸和咖啡的氣氛格格不入。除非在古早味茶室喝過放了生雞蛋的雙和茶＊，否則不可能會有人喜歡帶有藥味的咖啡。結果，這項產品被主要需求階層也就是年輕世代排斥，連存在都無人知曉就消失於世了。

◤ 企劃案的顧客是上司 ◥

　　如果無法準確掌握顧客需求，無論是什麼樣的產品或服務都很難獲得成功。為了成功推出新產品或服務，

＊韓國人覺得身體虛弱時會飲用的一種中藥補品，有活氣補血的效果。

務必先掌握顧客需求，這是成敗的關鍵。問題是，顧客的真正需求不容易掌握。其中一個原因是，顧客不會將內心話全部說出來。

顧客的需求猶如一座冰山。水平面上露出來的冰山極小，但是水底下藏了超乎想像的大冰塊。如果看到冰山一角就以為掌握了顧客需求，企劃有可能在瞬間失敗。水底下還有未知的東西，這一點隨時都要謹記在心。

很多時候就連顧客也不知道自己想要什麼。雖然智慧型手機在現在的日常生活中不可或缺，但是如果史蒂夫‧賈伯斯（Steve Jobs）在構思智慧型手機之前，先對消費者進行問卷調查的話，像現在這樣的手機產品還會誕生嗎？當時流行的是折疊手機，消費者作夢也想像不出賈伯斯所構思的創新型通訊設備。

此外，許多顧客說不清楚自己的需求。自己想要的明明是 A，但說明的需求卻比較接近 B 或 C。那樣的話，聽完顧客需求的企業做出來的會是 E 或 F。

© How Projects Really Work 1.0

| ① 顧客說明的東西 | ② 專案經理理解的東西 | ③ 事業顧問畫出來的東西 | ④ 分析師設計的東西 | ⑤ 工程師研發的東西 | ⑥ 執行者設置的東西 |
| ⑦ Beta版測試人員收到的東西 | ⑧ 顧客真正想要的東西 | ⑨ 廣告展現的東西 | ⑩ 顧客付錢的東西 | ⑪ 書面化的東西 | ⑫ 跟其他系統兼容的東西 |

各種詮釋顧客需求的觀點

　　做企劃也是如此。為了做好企劃，要先滿足顧客的需求。所謂的顧客可能是購買自家公司產品或服務的一般消費者，但是職場上的首要顧客是指派工作給自己的人，也就是上司。滿足了上司的需求，才能成為優秀的企劃者。因為上司是決定要開門讓你做的工作

繼續進行或是關上門的守門人（gate keeper）。能通過
上司這關的鑰匙，就是滿足上司需求的企劃。

　　仔細想想看，就算指派一樣的工作，有些人可以聽
懂，有些人則聽不懂。不用重複說明也能有默契地聽
懂，順利完成指派任務的人，和反覆說明也聽不懂，
做事一塌糊塗的人，有可能獲得一樣的評價嗎？歸根
結柢，企劃的重量取決於企劃者如何掌握並滿足作為
顧客的上司的需求。

別急著打開文書處理軟體

　　接到新的企劃工作之後，應該從哪裡開始著手呢？
先打開 PowerPoint（PPT）、Word 或 Hangul* 這類文書處
理軟體？那麼做的話，不會盯著空空如也的畫面好幾
個小時，長嘆一口氣嗎？遺憾的是，很多人都是這麼
做的。但是在嘆氣之前，請先做一件事。

---

* 全名為 Hangul Word Processor File，是韓國公司 Hancom 創建的文件格式。

　　雖然企劃的產物是報告，但是為了撰寫報告，要先清楚地決定好企劃方向。企劃者必須先思考清楚問題是什麼、為了解決問題應該怎麼做，決定好方向之後再開始工作。如果在方向不明的狀態下，就打開文書處理軟體隨意撰寫，可能會寫出毫不相關的內容。就像射擊的時候，射中旁邊的標靶一樣。

　　2004 年雅典奧運，美國運動員馬修‧埃蒙斯（Matthew Emmons）在 50 公尺步槍三姿預賽上，創下 1169 分的紀錄進入決賽，排名第二，僅次於中國選手賈占波。決賽前半段還是第一名的賈占波突然失去節奏，埃蒙斯從第六發開始領先，射完第九發之後總分差距拉到了三分，幾乎確定可以得到金牌。只要最後一發射中七分以上就可以了，所以眾人都相信他會得到金牌。

　　比賽終於來到了最後一發的第十發，所有選手皆射擊結束，但是埃蒙斯的標靶竟然沒有任何痕跡。埃蒙斯看著裁判團隊，比出自己明明射擊了，是不是哪裡出錯的手勢，但最後還是判定為零分。不知道是不是

過度緊張，原來他射中的是鄰道奧地利選手的靶。埃蒙斯的最後一發為零分，最終掉到第八名。

做企劃的時候，如果找不到正確的方向，就會跟埃蒙斯一樣發生射錯鄰道標靶的意外。就像他本來滿心期待能獲得金牌，最後卻是一場空，勞心勞力寫出來的企劃案也有可能獲得負面的反饋。因此，在打開電腦的空白畫面之前，應該要花時間思考企劃的方向，而且要從準確掌握上司的意圖開始做起。

開始企劃的兩種方式

企劃的執行方式有兩種。一種是根據上層指示執行企劃的由上而下（Top-down），另一種則是由下而上（Bottom-up）。哪一種方式執行起來更困難呢？無論是由上而下，還是由下而上，企劃做起來都不輕鬆，非要選一個的話，我個人認為由上而下的方式更困難。

先從由下而上來說，這個執行方式的企劃課題很難找。除非積累了一定程度的經驗和閱歷，否則不可能

找到。雖然天生擁有企劃才能的人就算缺乏經驗或閱歷也能輕易找到企劃課題，但是這種人鳳毛麟角，至少要有幾年的工作經驗才辦得到。

就算好不容易找到了課題，想要說服上司處理該課題的必要性或義務性絕非易事。這世界上最難辦到的事之一，就是說服某人按照自己的想法去做。但是，如果是自己苦思後找到的課題，至少不用再去思考該做什麼、該產出怎樣的成果。

反之，由上而下的方式可以避免找課題的辛苦，但是上司的需求也不好掌握。所以企劃者聽到課題的時候往往摸不著頭緒，不知道上司要自己做什麼、該如何產出成果。說服他人做某個應該做的課題，和暗中叫苦不知道應該做什麼，哪一個更辛苦呢？當然是不知道應該做什麼，徹夜通宵，暗中叫苦更辛苦。

為了做好企劃，應該先掌握顧客的需求，這一點職場人士應該都心有戚戚焉，但是掌握上司的意圖也絕對不輕鬆。為什麼呢？原因有三：「知識的詛咒」、「高語境文化」，以及「領導者意識不足」。接下來更深入

地瞭解這三大原因吧。

原因1　妨礙溝通的「知識的詛咒」

　　美國心理學家伊莉莎白‧紐頓（Elizabeth Newton）做了一個有趣的實驗。把參加者分成兩組後進行遊戲，其中一組要向另一組傳遞訊息，讓他們猜美國國歌或生日快樂歌等眾所周知的歌曲。問題是傳遞者不能唱出來，只能透過敲打桌子傳遞訊息。

　　實驗結果顯示參加者只猜對了 120 首歌之中的 3 首，猜對機率為 2.5%。實際上試著進行這個遊戲的話，會發生很多有趣的事。就算把歌曲換成簡單一點的兒歌，參加者摸不著頭緒的情況也很常見。例如，參加者可能會把《聖誕鈴聲》的「雪花隨風飄，花鹿在奔跑」誤聽成《兩隻老虎》的「兩隻老虎，兩隻老虎」，完全猜不到歌名。

　　這便是問題所在。假設出題歌曲是《兩隻老虎》，敲桌者知道答案，所以腦海中會清楚浮現該歌曲的旋律和歌詞，覺得聆聽者猜不到歌很奇怪。但是聆聽者

沒有任何的背景知識，所以想不到敲桌者腦海浮現的音樂。

這個問題常常在溝通的時候發生。所謂的溝通是指訊息的傳遞「順暢無阻」。說話者說 A 的時候，聆聽者聽到的也是 A，這才算是交流順暢。提及 A，卻聽成 B 或 C，又或者退一萬步來說聽成 A' 的話，也不算是準確的溝通。溝通不準確的部分日積月累後會造成雙方的誤會。而當誤會隨時間累積，彼此一定會疏遠。

在職場上，這樣的情況也比比皆是。上司想傳達的工作內容、背景、目的和想要的結果在他的腦海裡像劇情一樣展開，心想：「我這樣說的話，下屬應該能聽懂吧？」就結束了指示。但是組員就跟只聽到敲桌聲一樣，是在沒有任何事前資訊或背景知識的狀態下，聆聽上司說話。

指派工作的人腦海中有明確的畫面，所以會覺得只要傳達內容的話，對方就會聽懂，而且意識不到對方沒聽懂。這種現象被稱為「知識的詛咒」（curse of knowledge）。尤其是能力、知識或經驗愈出眾的上司，

愈容易出現這種現象。他們絲毫沒有想到對方什麼也不懂，就把對方擺到和自己同等的位置上。因為上司未考慮到聆聽者的工作水準，按照自己的水準指派工作，所以聆聽者才會很難掌握上司的意圖。

原因2　須聽懂弦外之音的「高語境文化」

上司意圖不易掌握的第二個原因是高語境（high context）的溝通文化。我的第一份工作是在 L 集團的主力公司 L 電子。我在家電領域研究所企劃組工作，每到年底，集團董事長就會來研究所聆聽工作報告。高層通常是在 12 月上旬或中旬來訪，拜訪行程則會提前幾個月告知。那樣的話，組長就會對我下達這樣的指示：

「梁組長，聽說董事長 12 月 10 日要來，你去準備報告吧。」

現在想來，上司真是蠻橫，但是當時的人都是這樣指派工作的。上司吩咐完之後，我滿腦子都是想弄清楚的事。例如，一年做了 100 多個專案，應該報告哪

些專案？只要呈報成功的專案，還是失敗的也要寫進去（有一次把失敗的專案寫成報告，結果整個研究所鬧得滿城風雨！）？報告主旨為何、內容該如何組織等等。但是我得到的指示是「全都由你自己看著辦」。

　　韓國企業的上司指派工作的方式大多如此。眼看著無法達成銷售目標時，上司就會把負責人叫來並說：「為什麼銷售老是下滑？想出補救（catch up）方案給我。」上司不會說明要用什麼方式做什麼事，只是指派了要做的工作。「明年的事業計畫是什麼？寫個草案給我。」、「最近員工離職率好像有點高。你調查看看是怎麼回事再跟我說對策。」聽到這種指示，員工當然會覺得眼前一片茫然。我最後一間任職的公司也一樣。雖然公司把新業務交給了我，但是誰也沒跟我提過業務要往哪發展的事。

　　我們可以拿東方繪畫和西方繪畫來比喻這種溝通形式。描繪東方繪畫時，在宣紙上點幾下毛筆就能畫出蘭花和松樹。就算只有大概的輪廓也能是一幅出色的畫作（我的意思不是東方繪畫很簡單，請勿誤會）。看

到秋史金正喜*筆下的《歲寒圖》之後，大家應該都浮
現過「這個我也畫得出來」的念頭吧？這幅畫大部分
都是留白。不僅是這幅畫，東方繪畫的元素之一便是
一定要留白。這就是高語境文化。說話者只是說個大
概，剩下的交由聆聽者自己填滿。

　　相反地，西方繪畫則要仔細填滿畫布的每個角落，
不能有未上色的空白處，沒有所謂的留白。以前我曾
學過一陣子的繪畫，繪製西方繪畫的時候，為了不要
被人看出畫布展開時的折疊處，甚至要在畫布的側面
或上面填色。如果比喻成工作的話，就是幾乎連細枝
末節的部分都下達了指示。而這被稱為低語境（low
context）文化。

　　問題是，工作是在高語境文化之下指示的，所以下
屬不易理解工作指示所包含的意圖、背景或目的。負
責人得自己掌握語境，看人臉色工作。可是，想完成

---

*金正喜，朝鮮王朝經學家、書法家及金石學家，為朝鮮實學學齋派代表人物。
其書法別具一格，被後人稱為「秋史體」。

工作得看人臉色的說法像話嗎？擅長察言觀色的人靠一絲線索也能處理好工作，但是相對沒眼力的人便很難完成工作。如果是透過明確的工作指示，彼此意見一致的情況，那工作就能順利進行。要靠察言觀色和感覺來工作，這是不是哪裡出錯了呢？

　　此外，領導者不能在自己也不清楚的狀態下給予工作指示。最近的管理環境複雜許多，所以也經常冒出連領導者也摸不著頭緒的困難課題。譬如，老闆指示下級提出「第四次工業革命將改變的未來樣貌和應對策略」相關報告。像這種指示就連領導者也很難掌握內容或抓到方向。把這種課題丟給執行者的話，執行者真的有辦法做好嗎？這種時候最好的方法是，領導者跟執行者一起掌握內容，確定方向。這樣領導者才有資格評價執行者寫好的文件。

　　最糟糕的上司是未經過濾就把更高層級指示的內容轉達給下級。被叫去高層辦公室，一回到部門就叫來負責人說：「○○○，執行董事說要做如此這般的工作。」在意思的轉達過程中，每經過一個階段，內容

就會減少 15%。因為上司作為中間人就損失了 15% 的內容，要這樣的上司有何用？那表示上司連內容都轉達得不好，可說是最糟糕的上司。

原因3　決定組員成長程度的「領導者意識」

　　上司意圖不易掌握的第三個原因是領導者意識。想培養下屬的領導者通常不會給予具體詳細的指示。換句話說，是以高語境方式下達指示。領導者認為這樣才能讓下屬成長。從某些角度來說，我同意這個想法，但是就結果而言我並不同意。只有高語境的指示才能讓員工成長嗎？那麼，事事和下屬交流、說明工作直到下屬理解為止，以低語境溝通的職場文化就對下屬的成長沒有任何幫助嗎？

　　別搞錯了。領導者要懂得靈活地利用自律和管束。剛開始工作的下屬需要某種程度的管束，但是之後要由他們自律地完成工作才行。新人剛開始工作的時候，需要明確的工作方向指示。背景、意圖或目的等什麼也不說，只是一昧催促下達指示，員工絕對不會有所

成長。領導者應該清楚指出要做的事和方向，之後再仰賴於下屬的辦事能力。那樣員工才會成長，既可以有效利用時間資源，又能提升工作生產力。

　　現在來看看以下的指示內容。這是能讓員工成長的工作指示嗎？

　　「李課長，關於改變行銷管道的事啊。下個禮拜要跟執行董事報告，所以你在禮拜四之前替我準備好報告。」

　　如果是改成這樣的話呢？

　　「李課長，關於改變行銷管道的事啊。下個禮拜要跟執行董事報告，所以你替我準備一下報告。執行董事預計在高層會議上報告管道變更計畫，根據其他高層的意見再做最後的決策。其他高層不知道為什麼要改變行銷管道，所以你分析看看目前消費者

的購買管道變化趨勢，比較其他公司和我們公司的案例，擬定公司的改變方向和具體的執行計畫。數據跟 IT 部門要就可以了，崔組長先前做過跟這有關的基礎調查，你參考看看。禮拜四之前完成初步報告，禮拜五早上 10 點我們再一起討論。因為還要跟其他組員一起協商，就在那個時候開會吧。」

接到第一種指示的執行者應該會很茫然，但是接到第二種指示的話，心情會輕鬆很多。雖然不會因為接到這樣的指示，工作就能一帆風順，但是至少減輕較多的心理負擔。

領導者的職責不在於監視成員工作能力的好壞，而是要協助員工更輕鬆地面對工作，發揮百分之百的能力，不是嗎？那麼，在下達指示之前，至少要讓下屬充分理解課題內容、目的和需要做出來的成果。指示工作的時候，不要期望能和下屬「心有靈犀一點通」。

從好的提問開始

　　到目前為止，我們瞭解了上司的意圖為何不易掌握。很遺憾地，有些地方要上司本人改變觀念才行。那樣的話，獲得指示的執行者只能等上司做出改變嗎？如果上司不改變，只能繼續邊在背後說著閒話邊受苦嗎？答案是否定的。如同上司需要改變，執行者也要努力掌握上司的意圖，確立正確的工作方向。

　　掌握上司意圖的方式大致上可以分成兩種。第一種是提問，第二種則是事先寫好工作計畫。

　　接到工作的時候，如果不確定或不明白工作背景、目的、意圖和應該做出來的成果，最好不斷地提問直到沒有疑惑之處。即使是一開始就聽懂了上司的指示，最好還是再問一遍，確認清楚內容。為了找到正確的工作方向，執行者應該確認以下內容：

- 上司要我做什麼？
- 為什麼要做這件事？

- 指派這件事的背景是什麼？
- 上司想透過這件事獲得什麼？
- 應該涵蓋什麼內容？
- 最終聆聽這件事的結果的人是誰？
- 打算怎麼利用這件事的成果？
- 需要誰的協助？
- 需在何時完成？

　　擅長做事的人和不會做事的人的差異在於提問。不去詢問感到疑惑的地方，獨自苦思的人，屬於不會做事的類型。反之，透過提問抓到正確方向，做出上司想要的成果的人，屬於擅長做事的類型。所以，不能害怕提問。「可以問這種問題嗎？」、「問這種問題會不會顯得很笨？」因為這些想法而錯過了提問機會，可能會一個人做得叫苦連天。結果交出來的成果不符合上司的意圖，被貼上無能員工的標籤。

　　同樣地，上司也要開明地接受並聆聽員工的提問。「你連這個也不知道？」或「你怎麼會問我那個？」應

該避免這樣的當面駁斥，並盡量幫忙消除執行者的疑惑。

　　儘管如此，有些人可能還是會覺得向上級提問很尷尬。但是，這種時候與其一個人煩惱，還不如整理好自己的想法，跟上司確認看看。可以試著按照下方的表格，整理被指派的內容，再請上司確認內容對不對。像這樣做好準備再去問的話，上司也不得不做出回應。而且上司回答過的話，等於是親自確認了執行者所理解的指示事項，之後也無法抵賴說自己沒講過那種話。

指示日期		
報告背景		
課題內容		
目的		
應導出的成果		
成果的應用		
協助部門		
需獲得支援的事項		
報告閱讀者	第一輪	
	第二輪	
	最終	
繳交日期		

執行工作前應確認的事項

　　打個比方，擅長做事的人做事情的時候就像在打桌球。在桌球比賽當中，球不能留在自己這裡太久。球從對方那邊過來的時候，必須盡快把球還給對方，那樣才能獲勝。所以不清楚指示內容，獨自煩惱的行為，就跟一直把球握在手上一樣。就這樣煩惱一個禮拜再去找上司的話就來不及了，因為已經過了一個星期，上司必然會質疑：「你這段時間做了什麼？你都在幹嘛？」

　　接到指示的時候，要立刻詢問感到疑惑的部分，或整理好內容向上司確認對不對。這就是把球傳給上司的方法。而接到球的上司必須處理那顆球，根據提問做出回覆。如果上司自己也答不上來的話，還是要思索答案，就算再晚也要給出回答。如果下屬都這麼做了，上司還是說「你自己看著辦」的話，那他就沒有資格當領導者，而執行者最好還離開這樣的上司，因為他已經沒有值得學習的地方了。

◣ 一張 A4 紙的企劃祕訣 ◥

　　掌握上司意圖的第二種方法是，事前簡單地撰寫工作計畫。其實，這個方法和提問是一樣的，但是可以給執行者留下更深的印象。

　　我做企劃的這 25 年來，不曾因為報告遇到任何困難。從新人時期開始，大部分我寫的文件都沒經過太大的修改就直接呈給高層或老闆了，而且評價也很好。當上組長之後撰寫的報告也是直接報告給董事長。我幾乎沒有因為報告的事傷腦筋過，所以職場生活可說是相對順遂。我的祕訣就在於新人時期直屬上司的指點。

　　他希望我在寫報告之前，先在一張 A4 紙上簡單地手寫我打算進行的工作內容。要我整理好指示內容、背景和目的、應該做什麼、要如何展開工作和報告涵蓋的內容等等，不限格式。如果我帶著整理好的內容去找他，他就會邊看邊和我說哪裡是正確的、哪裡需要修改。對於是執行者的我來說，他的教導在工作上

給了我很大的幫助。這個方式反而比提問更容易掌握上司的意圖，工作起來也更順利。

假設上司給了以下的課題：

策略規劃組打算降低對韓國國內和中國市場的依賴度，藉此減少隨環境變化產生的風險，因此正在討論進軍歐洲市場是否合理。歐洲剛好吹起韓流風，消費者對韓國產品抱持友善的態度，而且現在有想和自家公司進行策略合作的歐洲化妝品公司。為此，策略規劃組組長指示下屬進行市場調查，以利討論進軍歐洲市場的可能性。繳交期限是兩週後，將根據調查結果執行進軍歐洲市場的後續相關措施。

接到這種工作的時候，不要立刻執行工作，而是要先寫寫看工作計畫，確認工作內容和執行方式。工作計畫內容可能如下：

我應該做的事是進行市場調查，瞭解進軍歐洲市場
的可能性。最近歐洲吹起韓流風，歐洲人對韓國產
品抱持友好的態度，而且有想和自家公司進行策略
合作的歐洲業者，所以進軍歐洲市場的可能性變高
了。因此，討論進軍可能性為本次的調查目的。報
告內容為有助於判斷自家公司進軍歐洲市場是否在
經濟方面具有合理性的基礎資料。判斷結果為合理
的話，則需要進一步的調查和討論，因此需要製作
基於此決策的資料。

為了執行這項工作，需要調查歐洲化妝品市場規模
與成長率、主要競爭業者、M/S（市場占有率）、
收益性等市場資料，以及調查消費者的品牌喜好程
度、產品主要賣點、價格與流通管道、消費者對韓
國化妝品的認知等等。從中查明影響歐洲消費者購
買化妝品的關鍵要素為何，並比較自家公司和希望
進行策略合作的業者的實力，進而權衡進軍歐洲的
可能性。除此之外，在供給方面要確認原料、供應
商、調度可能性、議價能力（bargaining power）等。

還要確認物流方面的優缺點。（中略）透過專門做調查的業者進行資料調查，結果需在三週後的 8 月 15 日（週一）報告。

　這份工作計畫不僅提到應該執行的課題內容、產物、目的和背景，還納入了工作執行方法和期限。雖然上述的執行方法較為簡略，但是這個部分寫得仔細一點再跟上司討論的話，對於確定工作方向會更有幫助。上司看這份計畫的時候，可能會添加自己的想法或對需要加強的部分提出建議。無論是從執行者或上司的角度來看，工作起來都會輕鬆許多。

　經過此階段後，如果你想積極一點，繪製要做的報告實物模型（mock-up）或大綱（outline），再跟上司商議一次也是個好方法。和上司討論先前製作好的工作計畫表，整體工作流程便會確定下來。該怎麼將其寫成文件，以文件的流程、排版、要分析的內容做成的空白投影片就是實物模型。

　連這個都做好之後再向上司確認，上司即可知道執

行者會產出怎樣的內容，對需要的內容給予建議。而執行者只要確認清楚上司需要的內容，就能提高工作速度。我當組長或高層的時候，都是用這種方式和員工溝通，不僅工作效率和速度都提高了，結果也很好。

向上司提問、事前撰寫工作計畫表並建立實物模型，這兩種方式都是企劃者為了掌握上司意圖，應該邁出的第一步。雖然前面也說過了，企劃者做的事情就是掌握並滿足顧客（上司）的需求。弄清楚需求是什麼才能專注於自己要射的標靶，而不會射中旁人的標靶。雖然大部分的人都被工作追著跑，所以在找到方向之前便急著打開文書處理軟體，但是這樣做出來的報告不僅無法滿足上司的需求，需要重新花時間再做一遍，工作熱情也會減半。

就算初期掌握上司意圖和確定方向的過程有點緩慢，在這個階段打好基礎的話，可以減少之後因沒效率而浪費掉的時間。扎實的計畫愈到後面愈能穩定地推動，但是粗糙的計畫做到最後卻很可能會回到原點。

　　根據某個調查，70% 的員工寫文件時遇過困難，95% 的人被要求過修改文件三次以上或被退回。理由全是因為一開始沒有找對方向就寫文件。即使初期準備很緩慢，也要多投入一些時間在掌握清楚上司意圖和找到正確方向上面。

企劃的出發點是讀心術

　　企劃的第一步是掌握顧客（上司）需求，接著是找到能滿足需求的方向。這個階段會令人感到困難沮喪。若此階段順利進行的話，對於企劃的自信心相對就會提高，而且比較不會感到窒礙難行。清楚知道要做什麼，工作起來會相對順利，而帶著站在濃霧中伸手不見五指的感覺開始工作，一定開心不起來。所以為了更熟悉企劃，絕對不能疏忽了這個階段。

　　在此分享一個我的訣竅。若想清楚掌握上司的想法，平常就要多觀察上司，以及和他對話。密切觀察上司，有空就多和上司聊天吧。除了直屬上司，也要

觀察對他下達指示的高一層級的主管。上司的指示大部分都是來自本人關注的事。執行者應當留心觀察上司對哪個領域有興趣、和誰見面做什麼事。一邊觀察上司，一邊根據他的觀點調整身為執行者的自己的工作，就能相對順利地完成任務。

若想這麼做的話，就得多和上司見面。雖然對職場人士來說，上司有時候跟冤家沒什麼兩樣或只是茶餘飯後的聊天話題，但是都說「眼不見，心就不在」，若和上司疏遠，就無法順利溝通。尤其是自己的想法和上司的意見相反時，因為平常缺乏對話，比起互相理解，更有可能累積誤會。上司可能會覺得「哦？這傢伙真討厭」，執行者則可能會心想「這個老頑固又開始了」。因此，平常的溝通比什麼都還重要，就算討厭也要多和上司對話。

為了順遂的職場生活、為了出人頭地，再討厭也要像一日三餐一樣，養成和上司對話的習慣。如此一來，總有一天你也會和上司「心有靈犀一點通」。而且這也會是企劃能力向上提升一個階段的起始點。

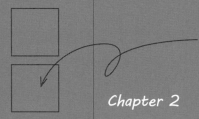

Chapter 2

找到真正的問題，
事半功倍⌐↵

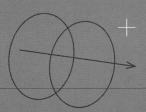

↵

在搞錯或不清楚上司意圖的情況下就開始工作，整個後續過程有可能會往錯誤的方向發展，出現毫不相關的結果。但是就算準確掌握了上司的意圖，還是有一個可能會令你迷路的陷阱，也有可能在企劃初期階段發生，那就是給問題下了錯誤的定義。

雖然後面會再詳加解釋，所謂的企劃是指針對實質問題提出和既有方法不一樣的、新的解決方式。關鍵在於找出實質問題是什麼。就算是差異性大或新穎的想法，如果無法解決本質上的問題，最後的成效也只會微弱到讓人忽視的地步。如同自己腳癢卻去撓別人的腳，自己的腳並不會變得舒服。因此，你首先要做的事是正確定義問題。

開會的真正問題是什麼？

因為問題定義錯誤，提出不相關解決方案的代表性例子之一是企業的開會文化。要開的會議太多了，這一點職場人士應該都深有同感，否則怎麼會有人說因

為要開會，工作都做不完。尤其是職級愈高的人，參加的會議愈多。

根據 2017 年的某項調查，職場人士一週平均出席會議 2.2 次，73.4% 的人認為開會浪費時間。因為就算開會討論出結果來，也有可能被上司的一句話推翻、開會也不會有改變或是會議上只是在閒聊不太重要的近況。此外，在不知道事前資訊或討論事項的情況下出席會議、沒有合適的討論案件或只是做做樣子的會議等等，也是令人懷疑為何要開會的原因。

部分企業意識到這一點，努力改善開會的問題。除了汗蒸幕＊會議或啤酒會議等逃離日常的大膽嘗試，也有些公司推行拿掉桌椅站著開的會議、發言時間超過特定時間就按鈴告知時間已到的會議，或是一次一個小時只討論一個案件的 111 會議等等，做了各式各樣的嘗試。然而，這些嘗試真的有效嗎？

為什麼會發生這種事？為什麼一群聰明的人會提出

＊ 韓國的三溫暖、蒸氣房，這裡是指將開會地點拉到會議室外，期盼有不同以往的效果。

沒有意義的方案？為什麼明明覺得要改善會議文化，
提出的替代方案卻總是隨著時間過去而不了了之？原
因就在於問題的定義出錯了。仔細想想被提出來當作
替代方案的開會方式背後隱藏的假設。汗蒸幕會議或
啤酒會議只是換了場所，避免權威式的會議。推行站
著開的會議或按鈴會議，是因為開會時間無故拖長，
所以試圖在短時間內結束。111 會議是因為一次要同時
解決多個案件太勉強了，所以才會簡化會議內容。

　　但是，那些真的是會議本身的問題嗎？頻繁開會、
會議時間太長或會議只由一、兩個人主導，這些都不
是問題。更根本的問題點在於不知道怎麼開會。會議
是廣納眾人對特定案件抱持的意見，由此得到結論的
場合。開會是為了利用集體智慧而非團體迷思，強調
的是成員的自律和參與。但是我們現在所開的會議不
是由決策時所需要的人一起聚集討論解決方案，這就
是問題的所在之處。

　　如此定義問題並深入探討的話，問題點看起來就不
一樣了。也就是說，出席會議的人很多時候都不是需

要做決策的人，決策者可以為了做決策而空出來的時間遠遠不夠。若想解決這個問題，就必須改變開會方式。所有的會議必須事先明確地決定好案件和決策事項。出席者必須事先掌握案件相關背景，對決策事項持有明確的意見再出席會議。開會時，不用進行任何的背景說明，出席者也能專心討論案件。而且會議出席者也要侷限於解決問題時不可或缺的人，同時拋棄參與者愈多愈好的想法。

　　變成這種開會方式的話，出席者需事先準備會議，如此一來即可進行以討論準備好的案件和決策事項為主的會議。如果在會議上看到熱騰騰剛印好的資料，心想「我有必要參加這個會議嗎？」，那就代表會議文化沒有發生變化。就像這樣，問題的解決方向和方法會隨著問題的定義而變。

問題？課題？任務？

　　好，假設發生了以下的情況。目標銷售額是 1000

億韓元，但是實際銷售額為 800 億韓元的話，便出現還差 200 億韓元的問題。但是這可能只是表面現象，而不是實質上的問題。問題可能不在於銷售額下降，而是在於公司形象持續變糟，或因為技術、環境變化導致使用公司產品或服務的消費者大幅減少。

這裡的「問題」是什麼？我們常常提到問題、問題點、課題、方案或任務（task），但是很多時候其實不知道它們的確切意思。所謂的問題是指無法從現在的狀態達到想達成的目標狀態所產生的差異。譬如，銷售額應該達到 1000 億韓元，但是預估銷售額為 800 億韓元的話，就會產生 200 億韓元的差異，這就會變成問題。為了健康著想，體重應該維持在 60 公斤，結果多出 10 公斤，增加到了 70 公斤。或是為了替老年生活做準備，每年應該儲蓄 1000 萬韓元，結果只存了 500 萬韓元的話，便是目標和現在的狀態之間出現差異而發生了問題。

那麼，問題點和課題又是什麼？問題點是造成問題的原因，找出此原因並清除才能解決問題。但是，不

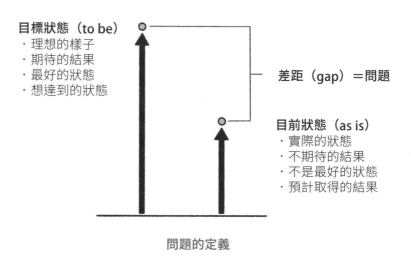

目標狀態（to be）
・理想的樣子
・期待的結果
・最好的狀態
・想達到的狀態

差距（gap）＝問題

目前狀態（as is）
・實際的狀態
・不期待的結果
・不是最好的狀態
・預計取得的結果

問題的定義

是所有造成問題的原因都需要清除或能夠被清除掉。企業的資源有限，所以不需要努力清除的原因不排除也可以。此外，像天災這種人類無能為力的情況，我們也沒辦法擬定對策。這些原因都會被排除在外。因此，一定需要解決對策或可以控制並擬定對策的原因，就是問題點。

如果目標銷售額是 1000 億韓元，實際銷售額卻是 800 億韓元，因此產生 200 億韓元差距的話，應該有幾

個原因。現在假設有以下這五種原因：第一，產品競爭力下滑；第二，價格太高；第三，景氣不佳，消費萎縮；第四，出現意料之外的競爭公司；第五，品質發生問題而暫時停產。

第一，產品競爭力下滑時，需要研發新產品或改善產品性能的解決對策，這個問題是可以解決的。第二，如果價格太高，可以透過降低成本來改善。第三，景氣不佳，消費萎縮，公司很難對此擬定對策。政府若不振興經濟，企業也無法解決此問題。第四，如果出現意料之外的競爭公司瓜分市場，之後也有可能出現類似的現象，所以一定要擬定對策。第五，品質問題導致生產出現問題，只要把品質恢復成以往的水準就能解決。

這些原因之中可以擬定對策的是第一、第二、第四和第五個原因。因此，除了第三個原因之外，剩下的原因都是銷售額無法達標的問題點。

找到問題點之後，企業應該執行的課題是什麼？以上可控制的問題點是導致銷售額無法達標的原因，所

以要清除才行。但是人力、技術、費用和努力的程度
都有限，所以我們要選擇並集中力量先解決最重要且
緊急的問題點。如果對公司來說，第二和第五個問題
是最緊急的，那就要先從這兩者下手。如果認為第一
和第四個問題是要多觀察一陣子再解決的問題，那麼
就集中力量解決第二和第五個問題。透過選擇並集中
力量優先清除的問題點，就叫做任務或課題。

企劃的第一步是定義問題

　　一般的企劃流程是，意識到問題和課題之後觀察現
況，找出引起問題的根本原因，想出多個對策，從中
找到最終對策並擬定執行計畫。一般來說，這個流程
適用於解決已經發生的問題、若置之不理可能會有隱
憂的潛在問題，或是探索型問題（為遙遠的未來做準備，
挖掘新的成長動力的實戰型問題則需要應用其他的企

| 意識到問題、課題 | 分析現況 | 辨別問題的根本原因 | 發現解決方法 | 擬定執行計畫 |

一般企劃流程

劃流程）。

　　如果想按照這個流程解決問題，首先需要正確地定義問題。如同第一顆鈕扣沒扣好的話，整件衣服都會歪掉，給問題下錯定義的話，也會得到奇怪的結果。企劃者要先檢查問題的定義是否正確。不要因為這是上司丟給你的工作，就按照上司說的去做，應該努力從更根本的觀點出發，重新定義問題。

　　從另一方面來說，準確定義問題就跟尋找解決問題的「中央瓶」（king pin）一樣。觀察看看周遭被評價為擅長做事的人和不擅長做事的人。擅長做事的人會自己主導推動工作；相反地，不擅長做事的人會被工作牽著走。會不會做事取決於你是否被工作牽著走，如果想主導工作，就必須找到解決問題的關鍵——中央

瓶。

中央瓶指的是保齡球的五號瓶。在保齡球比賽上獲得最高分的方法是打出擊倒所有球瓶的全倒。為了全倒，必須擊倒的便是五號瓶。不擊倒五號瓶就無法打出全倒，所以五號瓶又被稱為「中央瓶」。

工作之中也藏有這樣的中央瓶。先擊倒中央瓶，問題即可迎刃而解，所以擅長做事的人接下課題之後，會先從中央瓶開始找起。反之，不擅長做事的人不但對中央瓶沒有概念，也不懂得努力尋找。若能正確定義問題，中央瓶自然就會出現。也就是說，只要好好定義問題，就能順利找到問題的關鍵點和待解決的事項。

問題如果定義錯誤，便找不到中央瓶。費盡力氣，問題還是沒有解決。收到報告的上司若說：「這樣做對嗎？」或「這樣做真的會成功嗎？」就代表執行者想到的對策無法解決問題。也就是說，問題的定義不正確，因此沒能找到中央瓶。

發現真正問題的設計思考力

那有什麼方法可以準確地定義問題？最近成為企業熱門話題的「設計思考」（Design Thinking）就是方法之一。不過，設計思考這個詞聽起來有點陌生，沒辦法讓人一下子瞭解字義。為了簡單地說明，我們可以從餐廳老闆兼料理專家白種元出演的韓國電視節目《胡同餐館》找到提示。

白種元在《胡同餐館》裡有三個常做的行為。他在評價食物味道，檢查廚房衛生狀況之前，會先在觀察室留意問題餐廳的料理過程，或接待、服務客人的模樣，之後再到餐廳試吃餐點。這個過程結束後，會跟餐廳老闆對話，詢問想瞭解的事項，聆聽回答後一邊說「這間餐廳的問題是……」一邊定義問題。

那麼，白種元在定義餐廳的問題之前，做了哪三個動作？首先是觀察，其次是體驗，最後是採訪。

設計思考借用的是產品設計師的工作方式，是一套

注重定義問題的流程。設計師在設計東西之前，總是會仔細觀察顧客使用產品的樣子，看哪裡使用起來不方便、哪個地方需要改善，透過提出問題來決定設計方向。他們還會親自使用產品，試圖找出不便和改善之處。這麼做是因為光坐在辦公桌前思考的話，根本找不到顧客感覺不便的問題。如同「答案就在現場」這句話，親眼觀察消費者使用產品的模樣，親自體驗一番，才能找出問題。

雖然現在找不太到了，但是以前有一種背後鼓鼓凸出的 CRT 顯示器。當時的設計師發現許多人常常抓著難移動的顯示器左右旋轉。顯示器的畫面不符合使用者的視線高度，若想固定在看得最清楚的高度，左右轉也不是，上下動也不是，所以用起來非常不方便。看到這一幕的設計師為了解決問題，在顯示器和支架之間放了一顆手球大小的球體，使其可以輕易轉到指定的方向。若設計師沒有到現場觀察，肯定不會發現這個問題。

對情況感同身受才能發現真正的問題

　　到現場觀察顧客行為，站在顧客的立場體驗產品與服務，跟顧客對話，在這一連串的過程之中找出實質問題便是設計思考的第一個階段，又被稱為「同理心」階段。一般的企劃流程會先找出問題，但是在設計思考流程中，為了找出問題要先經過站在顧客立場產生

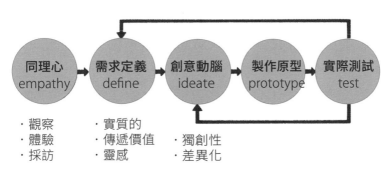

設計思考流程

同理心這個階段。

　　韓國 SK 電訊原本將 T map Taxi 叫車應用程式交由外部廠商開發，後來取消外包，改成直接開發的時候

導入了設計思考概念。SK電訊天真地認為如果在被稱為「國民導航」的T map導航應用程式新增叫車服務，計程車司機也會經常使用該服務，結果這個應用程式失敗了。出乎意料地，計程車司機不願使用T map Taxi，所以當時負責開發的Y執行董事想到了一個點子。他和市內的某個計程車業者簽約，直接化身為計程車司機，手握方向盤開起車來。他認為要在現場親身體驗、觀察和採訪，才能準確定義問題。

　　試用了T map Taxi的Y執行董事親自開計程車，因而確切掌握競爭業者Kakao T叫車應用程式的問題點，瞭解到該如何完善自家的T map Taxi。假如他沒有親臨現場，只是坐在辦公桌前試圖解決問題，該應用程式就不會獲得改善。

　　像這樣透過觀察、體驗和採訪，站在顧客而不是企劃者的立場充分感同身受後，才能準確地定義問題。如果白種元沒有觀察餐廳，沒有體驗或採訪就一邊說「這間餐廳應該這麼做」、一邊解決問題的話，他想得到恰當的解決方案嗎？餐廳老闆會心甘情願地接受他

的解決方案嗎？白種元想必是有過無數的經驗而發現答案就在現場。

　　企劃者不能只是坐在辦公桌前。真正的好企劃要到有問題的現場走動，站在顧客的立場準確定義問題後再尋找解決方法。如果只是坐在辦公室定義誰也無法產生同理心的問題並思索解決方法，在現場的人會說：「什麼都不懂的傢伙都坐在辦公室亂來。」我想，這種話大家應該也很常聽到吧？

找到正確的問題時，答案便呼之欲出

　　站在顧客的立場充分地感同身受之後，下一個階段是定義問題。定義問題的時候有幾點需要注意。問題並非模糊的概念或觀念，而是能確切感受到的有真實感的東西，是要讓人能夠浮現靈感的東西。而且問題解決之後，要能夠提升產品或服務的價值。

　　譬如，某個火車站月臺擺了一臺自動販賣機，但是銷售幾乎沒有增長。業者雖然使盡了各種辦法，銷售

額還是持平，因此親自來到月臺，觀察使用自動販賣機的人，和他們聊天。業者這才知道雖然大家也想使用自動販賣機，但是擔心使用的時候會錯過火車，所以沒辦法使用。很多人就算人都站在自動販賣機面前了，最後還是會轉身離開。

　　問題並非「大家不使用自動販賣機」，而是「火車可能在使用的時候進站，使用者擔心因此錯過火車」。那麼，該如何解決這個問題呢？應該要往如何減輕使用者不安的方向思考才對。實際上，業者決定在自動販賣機上顯示火車到站之前的剩餘時間，藉此解決了問題。知道在火車抵達之前時間還很充裕的人，就能從容不迫地使用自動販賣機了。

▲ 現在只剩下測試問題 ⌐

　　準確地定義問題後，下一步是找出解決問題的對策，並製作原型來評價。此時的解決方案應該是獨創性的、差異化的，那樣才能創造出價值。譬如，《胡同

餐館》的〈麻浦笑談街〉篇，白種元和餐廳老闆為了讓自家的泡菜鍋和別人的有所區別，想到了一個點子，將放入泡菜鍋的生豬肉改成炸過的豬肉。雖然乍聽之下像在胡扯，但是兩人實際做來測試後，發現湯頭反而更濃郁了。而且不用等湯煮開就能先吃肉的優點獲得了客人的好評。

就像這樣，解決方案必須是獨特的。雖然有些想法最初聽起來似乎很離譜，但是這世界上所有劃時代的點子一開始都被世人無視過，請將這一點牢記在心。

設計思考的另一個特徵是提出解決方案後，要立刻製作原型。這一點應該是來自「設計時可以輕易製作出原型」的特性。立刻應用想到的點子製作原型來評估，就能知道問題的定義是否正確，或是雖然準確定義了問題，但是解決方案是錯誤的。

要製作公司產品或服務的原型並不簡單，需要投入數億、數十億韓元的半導體設備或新的金融科技服務更是如此。但是，在這種情況下我們還是可以製作原型，那就是利用模擬或數位分身（digital twin）等技術

來製作。

　　所謂的數位分身是利用數位呈現和實體相同的裝備後，將實際發生的所有大數據傳輸到模擬裝備，接著再把用大數據進行模擬後修正的運作方法傳輸到實際裝備的技術。風力發電設備也可以利用這種手法來進行測試。不過，就算模擬技術再出色，就算出現數位分身這類技術，也不是所有的點子都能製作成原型。當然也會有無法這麼做的時候。但是最重要的一點是，要找出正確定義過的問題的差別化解決方案，並且付諸實現。

　　定義問題是解決問題的第一步。根據問題是怎麼定義的，後續的發展方向可能會截然不同。不要一昧投入被指派的課題，而是要花時間從遠處來看待問題。

　　某項實驗將測試者分成兩組後，指派必須解決的課題給他們。兩組各有一個小時的時間可以解決問題，讓其中一組花較多的時間在定義問題上，另一組花較多的時間在解決問題上。一個小時後對比兩組成果，結果花比較多時間定義問題的組別的成果比另一組更

好。

　　愛因斯坦曾說，如果給他一個小時的時間解決問題，他會花 59 分鐘定義問題，剩下的一分鐘尋找解決方案。也就是說，只要正確地定義問題，解決起來就會簡單很多。不要不管三七二十一就從尋找解決方案開始做，要先努力準確地定義問題。

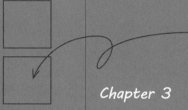

Chapter 3

用結論
來闡述企劃

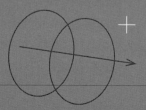

聆聽工作成果報告的上司最想知道的是什麼？應該
是報告的結論吧。你曾在做簡報或口頭報告的場合上，
目睹上司從你準備好的報告的最後一頁開始看的畫面
嗎？報告閱讀者好奇的永遠是結論，想最先知道的也
是結論，而不是課題的推進背景、現況或經過等等。
撇開其他部分，上司最想從結論開始看。反過來想，
沒有結論或結論不夠明確的報告最令上司厭煩。

結論如果不清楚，報告閱讀者會像吃了 100 條地瓜
一樣感到鬱悶。針對某企業的組長們進行的調查結果
也顯示，未包含報告者意圖或想法的報告，或是結論
不明確的報告最讓人感到不舒服。因此，企劃者最應
該將力氣花在得到清晰明確的結論上。本章我們來談
談關於報告的結論。

整理企劃者思緒的金字塔結構

首先要提及的是金字塔結構，這是可以有邏輯地將
企劃者的想法傳遞給他人的方法之一。原本的金字塔

結構比本書解釋的更深奧，為了讓讀者易於理解，在此將簡略改述。

　　請先回想一下前面提過的伊莉莎白·紐頓的實驗。敲桌子將音樂傳遞給對方的人腦海裡已經有歌詞和旋律了，所以敲桌子的時候那首歌的旋律會自然而然地浮現。但是不曉得是哪首歌的聆聽者聽到的只是敲桌子的聲音，腦海中沒有浮現旋律。如果事先告知敲的是哪首歌的旋律，那聆聽者的腦海也會重現同樣的旋律。這顯示出溝通能傳遞重要的訊息。

　　一般來說，撰寫文件的人大腦已經有系統地整理好內容或自己的邏輯架構了。但是閱讀文件的人卻不是如此，閱讀者看不見撰寫者腦海中的邏輯架構，看到的只有白紙黑字。就像伊莉莎白·紐頓的實驗，報告內容如同敲桌發出的渾厚聲音。就像如果事先告知要敲打的歌曲旋律，聆聽者腦海便會浮現該歌曲的旋律那樣，此時如果先告知對方要報告什麼的話，對方就能輕易地理解內容。

　　為了達到這個目的而使用的就是金字塔結構。也就

是說，這是為了提高報告閱讀者的理解能力，告知敘述內容、內容如何分類等等的整體結構，可以說是在閱讀者的腦海中植入自己設想的邏輯架構。

金字塔結構的組成形態是，企劃者先提出關於課題的結論或主張，再導出得到結論的根據和得到此根據的要點等等。訊息的傳遞順序為課題→結論→結論的根據→根據的要點。從外觀來看，整個結構愈往下愈寬，就像金字塔一樣展開，因而取名為金字塔結構

令人專注於重點的力量

金字塔結構的最大優點是，企劃者可以考慮到邏輯關係，將課題的結論和根據濃縮成一張紙來傳達想法。尤其是一開始就提到報告閱讀者最好奇的結論，能夠解答對方的疑惑。如果按照課題的背景、目的、現象、推進過程和分析內容這種傳統順序報告，閱讀者只會感到不耐煩，想盡快知道結論是什麼。而金字塔結構是從結論說起，從這個方面來說，能更快地解答閱讀

者的疑惑，達到先替對方發癢難耐的地方止癢的效果。

金字塔結構的另一個重要元素是，能讓人專注於討論結論。韓國企業最大的問題之一就是因為開會沒時間工作。回顧我的工作生涯，我也有整天都在開會，什麼工作都做不了的經驗。

會議資料的構成方式也是造成會議很多的原因之一。如同前面所提，傳統的會議資料或報告會逐一討論背景、目的、推進現況和過程等各種分析與調查內容，一直到最後才出現結論。報告者想一字不漏地詳細解說內容，而聆聽者也是東插一句話、西插一句話，還沒說到結論會議時間就結束了。因為還沒聽到結論，只好延長會議或是重新安排開會時間。

幾年前，我替某集團的員工寫了一套文書撰寫過程，為員工演講了十幾次。該集團籌劃這種大規模教育課程的理由正是因為這個緣故。大部分的開會時間都在聆聽導出結論的過程，沒有足夠的時間討論真正重要的結論，結果開會占用了工作時間。為了改善這種情況，我要求員工用 Word 撰寫簡潔的報告，不要使

用 PPT，而且盡量將內容濃縮成一張的分量。

如果跟利用金字塔結構撰寫報告一樣，開會時也從結論開始說，情況就不一樣了。如果企劃者的結論和聆聽者的結論相同，那說明結論的導出根據時會相對順暢，關於結論的爭論也會減少。更不用說這可以縮短報告時間。如果企劃者和聆聽者的結論不一樣，也可以先花時間在討論結論上面，比造成不必要的時間浪費的會議更有效率。令人專注於重點正是金字塔結構的優點。

◣ 回答「為什麼」的縱向與橫向原則 ◥

金字塔結構包含兩種原則，一種是縱向原則，另一種是橫向原則。這個名稱聽起來很厲害，但實際內容再簡單不過，稱不上什麼原則。我們先從縱向原則開始瞭解吧。

「組長，這是您上次交代的課題的結論。」聽到這種話的組長會說什麼呢？他 100% 會反問「為什麼？」

那樣的話，企劃者又會為了解釋自己的根據說：「因為A、B 和 C。」組長又問：「A 為什麼會那樣？」企劃者答道：「因為 a1、a2 和 a3。」從這個對話我們可以知道，從金字體結構的上面往下問的時候，必須是「Why so？」（為什麼是這樣？）的回答形式。

但是大部分的執行者會先蒐集現象或原因等數據，反過來整理導出結論。假設現在和右圖一樣蒐集到 a1 到 c3 這八個數據，執行者最先做的事是將相關的數據分類。最底層的分類結果能夠傳遞「所以……」的訊息並變成 A、B 和 C。再將 A、B 和 C 集合在一起，就會變成「所以可以得到……的結論」，也就是由下往上「So what？」（所以？）的回答形式。

由上而下的時候要形成「Why so？」，由下而上的時候要形成「So what？」。這就是縱向原則。仔細想想，你會發現其中沒有什麼好稱之為原則的東西，內容其實非常簡單。

橫向原則有兩種，首先橫排的同個層級要素之間要套用「MECE 原則」。MECE 是 Mutually Exclusive,

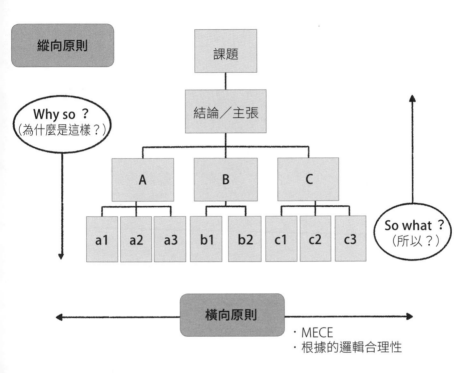

金字塔結構的兩種原則

Collectively Exhaustive（彼此獨立、互無遺漏）的縮寫，
a1、a2、a3 彼此不能重複，合起來的時候必須形成 A。
A、B、C 也是不能重複或遺漏，即使只有 A、B、C，也
要能夠導出結論。不能重複或遺漏即是 MECE 原則，

也是所有思考的基礎，後面談到邏輯思考的部分會再詳細解釋。

第二種橫向原則是同一層的要素之間需形成有邏輯的合理推論關係。也就是說 a1、a2、a3 需能順利演繹或歸納為結論 A，而 A、B、C 又能順利演繹或歸納，得出最終結論。邏輯合理、自然而然歸納出結論的結構就是橫向原則。

◣ 一眼看到結論的兩種方式 ◥

金字塔結構可分成兩種形式。一種是解說型結構，另一種是羅列或並列型結構。根據如何推導的邏輯有效性分為這兩種形式。解說型結構說明的是結論導出方法，算是一種演繹推理。羅列型結構比解說型結構難一點，強調導出結論的理由或可以實踐結論的方法，算是歸納型推理。羅列型結構還包含了類推過程，所以可能會比解說型結構相對難懂。

下圖是解說型和羅列型金字塔結構的圖表：

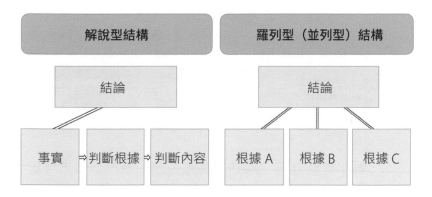

解說型結構			羅列型（並列型）結構		
結論			結論		
事實	⇒判斷根據	⇒判斷內容	根據 A	根據 B	根據 C

· 特殊案例　· 普遍化　　· 結論
· 正　　　　· 反　　　　· 合
· 假設　　　· 調查內容　· 驗證結果
· 過去　　　· 現在　　　· 未來

解說型及羅列型金字塔結構

　　假設要以歐美市場為對象，進行增加韓國飲食消費者的專案。利用解說型金字塔結構得到結論的例子跟下頁圖表一樣：

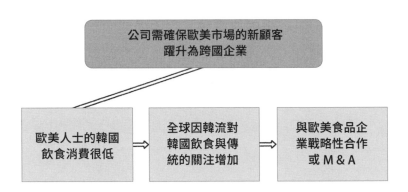

　　為了支持公司「躍升為跨國企業，確保歐美市場新顧客」的這個結論，依序展開邏輯思考：「歐美人士的韓國飲食消費很低」（事實）→「全球因韓流對韓國飲食與傳統的關注增加」（判斷根據）→「與歐美食品企業戰略性合作或 M&A」（判斷內容）。

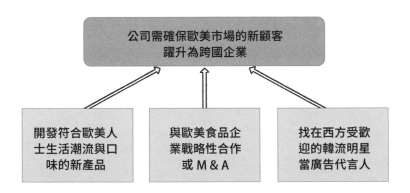

　　前面提到的例子屬於羅列型邏輯架構。雖然結論和解說型結構一樣，但是比起提出事實、判斷根據或判斷內容，羅列型結構更強調能導出結論的方法。上述的開發新產品、策略性合作或 M&A、找韓流明星等都是躍升為跨國企業的方法。

　　善加利用金字塔結構，就能將企劃者腦海裡的結論和導出結論的邏輯根據整理得一目瞭然。收到報告的人只要看到這張紙，就可以一眼看清結論和整體邏輯架構，快速理解內容。報告者和聆聽者之間的溝通變得順暢，就像玩兒歌傳達遊戲時先知道歌名再聽敲桌的節奏那樣。

◣ 利用金字塔結構尋找結論 ◥

　　那麼，現在透過案例來瞭解利用金字塔結構導出結論的過程吧。假設你現在是 A 超市 X 分店的員工，兩週前來了新的分店店長。新店長為了掌握賣場的整體經營狀況，要求你傾聽「顧客心聲」（VOC，Voice of Customer），報告賣場的經營狀況。身為執行者的你採

訪顧客，進行問卷調查，獲得了以下 15 項數據。現在
應該怎麼利用這份數據來跟新上任的分店店長報告 X
分店的現況呢？我們先導出最終要報告的結論吧。不
過，比起提出改善方向，我們在這裡要導出的是能準
確掌握現況的結論。

- 員工待人親切，心情很好。
- 生鮮食品的保存期限太短。
- 員工親切回答顧客的疑問。
- 退貨或退款步驟太麻煩，很花時間。
- 賣場環境乾淨。
- 員工制服簡潔。
- 沒有 A 超市的差異化商品。
- 推車太舊，推起來不方便。
- 商品缺貨，經常買不到。
- 收銀檯排隊隊伍太長，等待時間等得很煩。
- 停車場寬敞，賣場氣氛舒適。
- 員工無法有自信地回答關於商品的提問，

常找店經理。

・品質或價格方面缺乏競爭力。

・逛街途中能夠休息的空間不夠。

・賣場狹小，很常撞到旁邊的人。

　　如果想從以上 15 項顧客心聲導出最終結論，最先應該做什麼？那就是先把蒐集到的顧客心聲分類到各自合適的範疇。那該怎麼分類呢？仔細觀察數據的話，會發現有賣場做得好和做得不好的部分。也就是說，需要區分優缺點。區分優缺點之後該怎麼做？

　　我在演講上提到這個問題的時候，大部分的人會區分成商品、設施、服務等等，十之八九都會這麼做，這個方法沒什麼問題。但是反過來想，大部分的人都是以類似的觀點切入問題。無論是 A 還是 B，無論負責人是誰，處理方法都一樣，而且從結果來看沒有太大的差別。分類的時候要以「關鍵時刻＊之前－關鍵時

---

*Moment of Truth，由前北歐航空（SAS）總裁卡爾森（Jan Carlzon）倡導的著名觀念，指第一線員工為顧客提供服務而接觸的瞬間。也是在那瞬間，親身體驗的印象會成為顧客評斷服務品質的關鍵。

刻－關鍵時刻以後」等過程為主，或是將其分類成「基礎設施結構－基礎設施的利用－支撐基礎設施的系統」這也是讓內容產生差異化的方式。

那麼，到底該如何導出結論？讓我們重新回到那15項顧客心聲。正面回饋五個，負面回饋十個。做得不好的地方比做得好的多。此外，做得不好的地方也包括相對重要和比較不重要的事情，也就是說包含本質性問題和附屬問題。從本質層面來看，X分店做得不好的地方十分多。長此以往，這間分店會變得怎樣？或許會不在了。就算從附屬層面來看有問題，只要本質層面沒有問題，問題就能獲得改善，但是本質層面有問題則會威脅到分店的生存。說不定分店會關門大吉，分店店長得走人。因此，結論必須強調X分店面臨嚴重情況的現實層面。

我們先來分類這15項數據吧。我要先聲明以下純屬範例，不一定是正確答案。

尋找結論1　屬於「滿意」的數據分類

　　我將 15 項顧客心聲分成滿意和不滿意。因為滿意的部分是做得好的部分就排除在外，只報告不好的部分的話，會發生什麼事？報告閱讀者可能會懷疑「我們分店沒有擅長做的事嗎？」因此，不要遺漏任何的優缺點，全部都要稟報。

　　滿意的部分可以區分成與人有關的要素和其他要素。分類的時候，最好盡量不要用到「其他」這個項目。因為「其他」這個單字給人一種聚集了不屬於任何範疇的數據，分類模糊的數據全都納入了這裡的感覺。那樣的話，很難導出整合過的訊息。不滿意的部分可以區分成本質要素、附屬要素和吸引客人的要素。

　　分類好之後，反過來由下至上一個一個導出訊息看看。想成從金字塔結構的底層開始往上走就可以了。

　　首先來看看正面要素：

　　　・員工待人親切，心情很好。
　　　・員工親切回答顧客的疑問。

　　這兩點放在一起看，可以得到什麼訊息呢？重點不在於概括這兩點的內容，而是要想出能代表這兩點的訊息。員工親切？員工服務精神佳？我整理出來的是「員工責任感強」。

員工責任感強	・員工待人親切，心情很好。 ・員工親切回答顧客的疑問。

　　雖然顧客心聲未提及任何的責任感，但是我將員工的親切應對當作他們清楚知道自己應該做什麼的意思，並用責任感強來表達這個意思。第二個正面要素如下：

- ・賣場環境乾淨。
- ・員工制服簡潔。
- ・停車場寬敞，賣場氣氛舒適。

　　我們可以從這些項目導出什麼訊息？「賣場乾淨舒適且制服簡潔」，要從這一句話當中獲取訊息並不容易，但是請盡量發揮創意看看。此時我們要做的不是概括，

要導出的仍是濃縮了顧客心聲的訊息。我將這三點濃縮，得到了「顧客對賣場管理的反應十分正面」的訊息。雖然顧客心聲沒有提到「賣場管理」，但是仔細分析後就能知道顧客的意思是賣場管理得很好。

　　要像這樣從這五項正面的顧客心聲，導出更上面一層的訊息，再將這些歸納到一起，得出更上層的訊息。分類好的正面評價所傳遞的訊息如下：

　　・員工的責任感強。
　　・顧客對賣場管理的反應十分正面。

　　雖然要綜合這兩點，導出更上層的訊息並不簡單，但是這個過程反映出企劃者想法和意圖。如果單純地概括下面幾層的項目，便無法納入企劃者的想法或意圖，但如果用企劃者的話來詮釋，就能反映出企劃者的想法或意圖。

　　對此，我導出了以下有點直白的訊息：

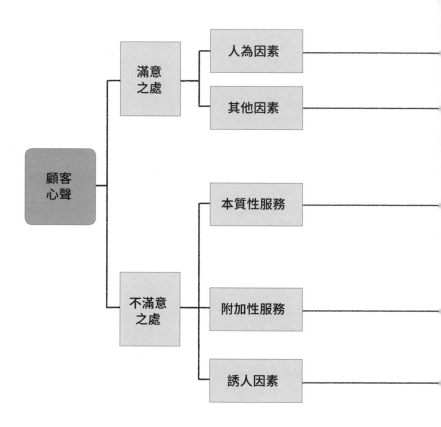

・員工待人親切，心情很好。
・員工親切回答顧客的疑問。

・賣場環境乾淨。
・員工制服簡潔。
・停車場寬敞，賣場氣氛舒適。

・生鮮食品的保存期限太短。
・沒有 A 超市的差異化商品。
・商品缺貨，經常買不到。
・員工無法有自信地回答關於商品的提問，常找店經理。
・品質或價格方面缺乏競爭力。

・推車太舊，推起來不方便。
・收銀檯排隊隊伍太長，等待時間久等得很煩。
・退貨或退款步驟太麻煩，很花時間。

・逛街途中能夠休息的空間不夠。
・賣場狹小，很常撞到旁邊的人。

從「顧客心聲」蒐集到的數據分類範例

Why so ？（為什麼是這樣？）

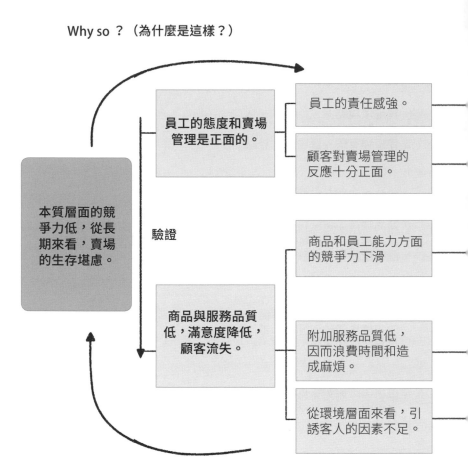

本質層面的競爭力低，從長期來看，賣場的生存堪慮。

員工的態度和賣場管理是正面的。

員工的責任感強。

顧客對賣場管理的反應十分正面。

驗證

商品和員工能力方面的競爭力下滑

商品與服務品質低，滿意度降低，顧客流失。

附加服務品質低，因而浪費時間和造成麻煩。

從環境層面來看，引誘客人的因素不足。

So what ？（所以？）

· 員工待人親切，心情很好。
· 員工親切回答顧客的疑問。

· 賣場環境乾淨。
· 員工制服簡潔。
· 停車場寬敞，賣場氣氛舒適。

· 生鮮食品的保存期限太短。
· 沒有 A 超市的差異化商品。
· 商品缺貨，經常買不到。
· 員工無法有自信地回答關於商品的提問，常找店經理。
· 品質或價格方面缺乏競爭力。

· 推車太舊，推起來不方便。
· 收銀檯排隊隊伍太長，等待時間久等得很煩。
· 退貨或退款步驟太麻煩，很花時間。

· 逛街途中能夠休息的空間不夠。
· 賣場狹小，很常撞到旁邊的人。

驗證「顧客心聲」結論的縱向原則

・員工的態度和賣場管理是正面的。

此訊息概括了正面因素，所以有必要向分店店長告知顧客做出了哪些正面的反應。

尋找結論 2 　屬於「不滿意」的數據分類

現在來看看負面因素。首先，顧客對本質性服務的不滿如下：

・生鮮食品的保存期限太短。

・沒有 A 超市的差異化商品。

・商品缺貨，經常買不到。

・員工無法有自信地回答關於商品的提問，常找店經理。

・品質或價格方面缺乏競爭力。

要將這五個意見濃縮成一個訊息果然還是不太容易。但是仔細看這五項顧客心聲，會發現顧客說的是本質層面的「商品和員工能力方面的競爭力下滑」。

從附屬性層面來看，顧客對服務的不滿事項如下：

· 推車太舊，推起來不方便。
· 收銀檯排隊隊伍太長，等待時間等得很煩。
· 退貨或退款步驟太麻煩，很花時間。

從內容來看，顧客抱怨某些服務耗時太久和麻煩，所以可以將這幾點定義為「附加服務品質低，因而浪費時間和造成麻煩。」其他不滿事項如下：

· 逛街途中能夠休息的空間不夠。
· 賣場狹小，很常撞到旁邊的人。

這些意見與賣場環境有關，所以想納入訊息之中的話，可以說成「從環境層面來看，引誘客人的因素不足。」

藉此可以導出這十個負面意見的初步訊息，整理內容如下：

・商品和員工能力方面的競爭力下滑

・附加服務品質低，因而浪費時間和造成麻煩。

・從環境層面來看，引誘客人的因素不足。

接著再次結合這幾點，導出上層訊息。那要如何導出可以歸納本質性層面、附屬性層面和環境層面的訊息的結論？切勿在這一步過於心急，慢慢導出可以透露這三種範圍內的意見的訊息即可，而且必須納入自己的想法和意圖。對於負面的顧客心聲，我得到的訊息如下：

・商品與服務品質低，滿意度降低，顧客流失。

換句話說，結論是顧客滿意度持續降低，因此不斷流失顧客。

找結論 3　從兩組數據導出結論

現在已經找出所有正面和負面的訊息了，來導出可

以結合這兩點的最終訊息吧。此訊息是要報告給新任分店店長的最終結論：

・員工的態度和賣場管理是正面的。
・商品與服務品質低，滿意度降低，顧客流失。

　　從整體來看，正負面訊息都有，但是負面反應比正面反應多。而且負面反應顯示顧客滿意度低，不斷流失顧客。再這樣下去，X 分店要不了多久可能就會倒閉。因此，得到的最終結論如下：

・本質層面的競爭力低，從長期來看，賣場的生存堪慮。

　　這個結論委婉地傳遞了「再這樣下去分店會倒閉」的訊息。前面曾說過 X 分店經營情況不佳，這個狀態再維持幾年的話，無法保證賣場的生存。雖然可以更直接地表示「我們分店五年內會倒閉」，但是這樣的結論無論是對報告者還是閱讀者來說都很有壓力。要在

不傷感情的情況下，對閱讀者植入不改變不行的警覺意識，所以我才會用「從長期來看，賣場的生存堪慮」這句話來傳遞訊息。

導出最終結論之後，最好利用縱向原則來驗證內容看看。如果可以由上而下自然地回答出「為什麼是這樣？」，從顧客數據由下而上提出「所以？」的提問的話，那導出的結論就沒有太大的問題。

尋找結論 4　反思結論並驗證

到目前為止，對於 A 超市 X 分店的情況我得到了以下的結論：

> X 分店本質層面的競爭力下降，顧客滿意度持續下降，造成顧客流失，因此從長期來看，賣場的生存堪慮。

在課堂上提到此問題的時候，聽眾最常導出的結論是「提升顧客滿意度來增加銷售」、「需要大規模的改革活動」或是「需要投資設施和人力」。

收到報告的分店店長對這種結論會有什麼想法呢？會對結論產生同感嗎？「必須提升顧客滿意度，增加銷售」或「需要大規模的改革活動」能打動店長嗎？店長會因此產生 X 分店再這樣下去不到幾年就會倒閉的警覺心，謀求變化嗎？如果我是分店店長，應該會不冷不熱地接受，也有可能覺得「沒什麼嘛」或「好像經營得還可以」。而且可能不會從根本做出改善以提升競爭力，而是嘗試做一些小改變而已。

那樣的話，執行者的這份報告就失敗了，未能讓新任分店店長意識到分店現況的嚴重性，不規劃大規模的革新措施，賣場就難以生存。而且也失去了透過改革改變未來的機會。雖然目前的問題可能不大，但是過一段時間之後說不定眾人就會丟了工作。

想想看，「必須提升顧客滿意度，增加銷售」或「需要大規模的改革活動」這些話真的包含結論嗎？我們一個一個來分析吧。首先是「提升顧客滿意度來增加銷售」這句話看似是個不錯的結論，但是再仔細想一想，提升顧客滿意度能當作結論嗎？增加銷售呢？「必須增

加銷售」能當作結論嗎？這短短的一句包含了企劃者主張的結論嗎？

答案是「不」。顧客滿意度或銷售是企業存在的基本理由，理所當然到沒必要提及。沒有哪個企業不需要顧客的高滿意度就能生存。企業只要存在的一天，就需要提升銷售，這從企業的成長層面來看是再理所當然不過的事。也就是說，這些都是企業「必備」的條件，無法當作結論。換個說法，這聽起來就像在說「我們分店要好好加油」。為了提升顧客滿意度、為了增加銷售，應該怎麼做的企劃者想法，要包含在結論裡才可以。

「需要大規模的改革活動」這個結論呢？改革也是企業必做的活動之一。經營環境日益競爭激烈，在艱難的環境當中不進行改革或改善的話，是不可能永續經營公司的。但是把需要改革當作結論，聽起來相當不負責任，這就像是在說「好像哪裡有問題，但是我不知道問題出在哪，就先改革看看吧」。另一方面，聽起來也很像是企劃者從未思考過自己的工作是什麼。

要感覺到革新的必要性才需要進行改革，不是嗎？

「需要投資設施和人力」這個結論呢？員工很容易提到的藉口之一就是沒錢沒人力。反之，高層會問有錢有人力的話，就能把事情做好嗎？這就像「先有雞，還是先有蛋」永無止盡的爭論。「要花錢才行，要增加人力，要進行員工訓練。」聽到這種結論的上司通常會怒氣填胸地問：「所以現在是因為沒錢沒人力，才變成這樣的嗎？這段時間你都在幹嘛？」因此，這不能當作報告的結論。如果店長對設施的投資、增員或員工訓練等等產生同感，也就是店長也認為目前分店的狀況很嚴重，並提問「那應該怎麼做」的時候，這個選項應該作為「解決方案」被提出來。

引起對方的濃厚興趣

結論務必包含企劃者的主張或意見。報告閱讀者看到顯而易見的結論的話，當然會問「那你的想法是什麼？」。「透過提升顧客滿意度來提高銷售」是企業存

在的終極目的，所以這麼說並沒有錯，但是這沒有說明企劃者的想法。

　　「大規模的改革活動」也是一樣。要進行怎樣的革新、為什麼或該怎麼革新，這些也沒有說明企劃者的想法。「投資設施或補充人力」給人一種因為找不到內在原因，所以在找藉口的強烈感覺。這些說法都光有空殼，缺乏核心。這樣的結論當然不可能獲得好評。

　　然而，某些企劃者總是不明白這一點，反而在報告閱讀者的背後說壞話，推卸責任地說：「啊，那個老頑固，我真的噁心到做不下去了。要我寫結論給他，為什麼老是扯一些無關緊要的話？」這樣做並不會讓你成長。就算每天做企劃，實力也不會增長。正確瞭解反饋所包含的意義，努力改善才會成長。

　　好的結論具備幾項條件。首先是要能夠引起對方的興趣。有個行銷用語叫做「AIDMA」，是 Attention（注意）、Interest（關心）、Desire（欲望）、Memory（記憶）、Action（行動）的縮寫。想像一下觀眾打開電視，切換頻道的時候突然產生興趣說：「哦？那是什麼？」當觀

眾不得不停下來的時候，廣告商才有機會宣傳產品或服務。如果觀眾不感興趣，直接跳過，那努力製作的產品或服務連宣傳的機會都沒有。也就是說，首先要引起人們的注意，才會讓人產生興趣，進而刺激「想擁有」的欲望並在記下來之後購買。消費者不太可能購買自己不感興趣的產品或服務。

報告也是如此。首先要讓閱讀者產生關注，而想做到這一點的話，就不能給出顯而易見的結論。不顯而易見，即代表令人出乎意料。令人出乎意料的東西會破壞閱讀者的推測機制。當對方期待報告者「會這麼說吧？」的時候，可以打破那份期待的就是令人出乎意料的東西。

前面提到的 A 超市 X 分店案例的分店店長預期的應該是「經營順利」、「經營順利但需要改善」，或是「待改善之處很多」，不太可能想到「再這樣下去分店可能會倒閉」。如果報告者在開頭就說「我們公司再這樣下去的話，難以生存」，那麼店長的推測機制被打破，因此不得不認真聆聽，產生關注。店長產生了興趣，就

會更興致勃勃地聆聽報告，這就是好結論所揮發的作用。

但這不代表結論必須是具有刺激性的。X 分店做得不好的地方比做得好的多，從本質層面來看競爭力持續下滑，所以才會得到這樣的結論。如果是表現良好的企業，沒必要故意提出負面的刺激性結論，否則可能會出現反效果。最好根據情況導出合適的結論，提出能讓對方感到意外或打破期待的結論。

簡單的東西才令人印象深刻

結論應該具備的第二個條件是簡潔，也就是內容不長、不複雜且簡短的意思。剛剛 A 超市 X 分店案例提到的結論有改善設施、開發具競爭力的商品、員工能力提升課程和開發顧客服務系統等等。不能像一整串的香腸那般，提出一大堆的結論，要讓結論烙印在報告閱讀者腦海中才行。但是接連出現一、二、三、四個結論的話，閱讀者不易瞭解報告的核心是什麼，還沒留下印象就忘了。不能在腦海中留下的報告，絕對

不算是成功的報告。

如果想讓閱讀者印象深刻的話，報告內容必須簡短且強烈。上述的幾件事是拯救情況愈來愈糟的分店的措施，如果想執行那些措施，需要傳遞反映現況的簡短又強力的訊息。此訊息便是「分店可能會倒閉」。應該做的事和結論是兩回事，結論應為具備概括性的訊息，要在提及該做的事之前先提出來打動人心。再強調一遍，不能將該做的事和結論混為一談。

◤ 用一句話說明企劃的概念 ◢

結論應該清楚包含企劃者的想法、意圖或主張，也就是要有特色。沒有特色的平庸結論就像「沒有餡料的包子」。誰都不想吃到難吃的食物。一份好的報告會顯現出企劃者的意圖和特色，就算可能會因為和閱讀者的見解不一樣，而產生爭議或討論，總比結論太平庸，連可以討論的餘地都沒有來得好。

剛才我也說過企劃者的主張必須清晰，要能給對方

留下強烈印象，而能夠達到這個目的的正是概念。概念可以用一句話濃縮企劃者針對課題想出來的解決方向。概念夠清楚，無論獲得贊成或遭到反對，企劃者都能將自己的想法灌輸給對方。反之，概念如果不清楚，企劃者便可能會聽到「所以你的想法是什麼？」、「總而言之，你想說什麼？」之類的反饋。如果提出閱讀者無法同意的概念，則有可能得到負面反饋。記住了，這比缺乏概念或過於平庸的報告強過百倍。

所謂的概念來自行銷領域。我們製作的產品或服務要烙印在顧客腦海裡，顧客才有可能採取行動去購買，所以為了傳遞「產品（服務）具有某個特徵」的訊息所創造出來的東西就是概念。請勿誤會，這裡的概念不是指創造出以往沒有的東西。概念的目的是要讓顧客對藏起來、看不見的東西產生共鳴。也就是說，要將自己的想法濃縮成報告閱讀者會產生共鳴的內容。

為此，需要關於顧客、產品或服務的新觀點。企劃者應透過洞察，讓不可見（invisible）的東西變得可見（visible）。如果課題處理方式和以往相同的話，便很難

發揮這樣的洞察力，所以企劃者要從新的角度來看待
問題，找出解決方案，而不是單純地濃縮自己想出來
的普通解決方案。其優點在於概念如果足夠明確，就
不用長篇大論說明企劃者想表達的內容。

　　看看下一頁的照片，上面那張是類似子彈的東西瞬
間穿透蘋果的畫面。這張在廣告業相當有名的照片出
自黑莓（BlackBerry）手機廣告影片。看似子彈的東西
是黑莓，而蘋果指的是蘋果（Apple）公司，兩者都是
手機製造商。這張照片帶有在黑莓面前就連蘋果也毫
無用武之地的意思。雖然短片長度不過十幾秒，但是
黑莓公司想傳達的話都包含在內了。「黑莓優於蘋果」
的概念就這樣被製作成絕妙的廣告影片。

　　那蘋果公司看到這支廣告之後會老實待著嗎？蘋果
公司推出了令所有人目瞪口呆的廣告。在美國可以播
放諷刺模仿競爭公司的廣告，所以蘋果公司依樣畫葫
蘆，借用黑莓公司的廣告，製作了下圖長得跟子彈一
樣的黑莓撞到蘋果後四分五裂的影片。影片的最後沒
有任何臺詞，只有一句話：「Simple facts.」意思是黑莓

黑莓廣告（上）與蘋果廣告（下）概念

再猖狂，蘋果還是更勝一籌。

　　大家更支持哪一支影片呢？雖然黑莓公司的廣告也很出色，但是蘋果公司的廣告更加出眾。黑莓公司可以說是公然挑戰蘋果公司，結果卻得不償失。

在這兩支影片裡，黑莓公司或蘋果公司想傳達的東西就是概念。概念夠明確，光是靠十秒鐘的短片也能說完想說的話。即使沒有長篇大論地說「我們製造的產品……」、「我們創造的服務……」，也能立刻擄獲消費者的心。如果報告的概念明確，就能更輕易地動搖閱讀者的內心。

這就是概念的力量。反過來想，報告雜亂無章，多有冗詞贅句，可能就是因為概念不明確。企劃者的意圖或訊息不夠清楚，因此塞入各種多餘的內容，給報告灌水。愈缺乏核心，花愈多心思在包裝上。記住了，缺乏明確訊息的時候，報告分量會變得又多又冗長。

前面說過好的結論應具備的條件，是要引起報告閱讀者的興趣，而概念正好能發揮這個作用。清晰的概念會讓人對報告產生興趣。我想再一次強調，企劃者和閱讀者之間的意見歧異，並不會造成問題。閱讀者對內容本身不感興趣才是更嚴重的問題，所以要努力將企劃結果和清晰的概念結合起來。

↳ 建立概念的四個階段 ↱

那麼，應該怎麼導出概念？其方法可以分成以下四個階段來思考。第一，定義問題（Problem Definition）。第二，找出問題的對策或解決方案（Alternative），對策要包含企劃者想傳達的概念。第三，為此找出對策的核心之處（Core of the Alternative）。最後，要用轟雷掣電的句子來表達核心內容（Thundering Phrase）。這四個階段的英文字首縮寫起來便是「PACT」。以下是更易於理解的表達方式。

定義問題	應該解決的問題是什麼？
問題的對策	企劃者所想出來的課題對策或解決方案是什麼？
對策的核心	企劃者提出的對策核心內容是什麼？
轟雷掣電的句子	能讓核心內容在閱讀者心中感到轟雷掣電的表達是什麼？

導出概念的 PACT

　　假設某間知名美食餐廳因用餐人數太多要等很久，引起愈來愈多客人抱怨，最後經常發生客人跑到別間餐廳用餐的情況。剛開始出於好奇，耐心等待的客人現在也轉身離去了，業績愈來愈低迷。

　　現在應用 PACT 來整理這個案例看看。

・Problem Definition：應該解決的問題是什麼？

　　前面也提過了，準確定義問題相當重要。問題定義錯了，後面的所有流程都會連帶改變，有可能導出錯誤的概念。這間餐廳的問題是什麼？如果是「等候時間太久」，要往縮短時間的方向思考解決方案。那樣的話，可以減少菜單品項、提高翻桌率或是播放吵鬧的音樂，誘導客人快速用餐。又或者是擴大餐廳內部的空間。但是，如果問題不是「等候時間太久」，而是「等待期間太無聊」，解決方法則是「要讓客人在等待期間不感到無聊」。

・Alternative：對策或解決方案是什麼？

　　對於等待期間感到無聊的客人，解決方案便是

不讓他們感到無聊。例如在客人等待的時候進行抽獎活動，或是透過魔術等表演給客人帶來樂趣等等。

・Core of the Alternative：對策核心內容是什麼？

　　對策的核心是「讓等待變得有趣」。等待時間變得有趣，客人自然不會感到無聊。

・Thundering Phrase：令人感到轟雷掣電的表達是什麼？

　　如果是用「令人興奮等待的餐廳」來表達等待時間變得有趣了呢？

概括內容如下：

定義問題	應該解決的問題是什麼？	等輪到自己的這段時間很無聊
問題的對策	企劃者所想出來的課題對策或解決方案是什麼？	提供玩樂，避免客人在等待期間感到無聊
對策的核心	企劃者提出的對策核心內容是什麼？	開心地等待
轟雷掣電的句子	能讓核心內容在閱讀者心中感到轟雷掣電的表達是什麼？	令人興奮等待的餐廳

　　PACT 也可以套用在 A 超市 X 分店的案例上嗎？先前導出的結論是「以現在的狀態難以生存」。如果針對現況和分店店長達成協商，下一個階段要思考的是「該怎麼辦？」應該往分店能繼續生存、不會倒閉的方向改善，改善方向將會是解決方案的概念。現在按照前面的流程整理看看吧。

・應該解決的問題是什麼？

　　A 超市 X 分店面臨著各式各樣的問題，但是最重要的是商品和服務品質低，缺乏差異化要素，競爭力下滑。

・對策或解決方案是什麼？

　　為了解決此問題，A 超市 X 分店應該低價提供品質值得信賴、具有差異性的獨家商品，藉此獲得顧客的信賴。

・對策核心內容是什麼？

　　此對策的核心是信賴。信賴一詞包含了值得相信的品質、比其他地方便宜的價格、獨家商品等意思。

・令人感到轟雷掣電的表達是什麼？

　　要怎麼用一句話表達信賴呢？我們周圍哪個機構最值得信賴？銀行應該是值得信賴的機構之一。如果信不過銀行，我們也不可能在那裡存錢或借錢。所以，「像銀行一樣值得信賴的超市」這個表達怎麼樣呢？

　　概括內容如下：

定義問題	應該解決的問題是什麼？	商品和服務品質低，缺乏差異化要素，競爭力下滑
問題的對策	企劃者所想出來的課題對策或解決方案是什麼？	低價提供品質值得信賴、具有差異性的獨家商品，藉此獲得顧客的信賴
對策的核心	企劃者提出的對策核心內容是什麼？	信賴（品質、價格、獨家商品）
轟雷掣電的句子	能讓核心內容在閱讀者心中感到轟雷掣電的表達是什麼？	像銀行一樣值得信賴的超市

到目前為止，我們瞭解了何謂概念。利用 PACT 導出概念的方式也可以和下面一樣應用於企劃工作。

・應該解決的問題是什麼？

　　企劃工作要面臨的課題千變萬化，隨時都可能改變。待解決的問題可能是員工離職率上升、銷售嚴重下滑，也有可能是產品瑕疵率變高。

・對策或解決方案是什麼？

　　對策或解決方案也會隨課題改變。要找出問題的根本原因，想出可以解決此問題的各種對策，而核心內容也會根據不同的對策產生變化。

・對策核心內容是什麼？

　　找出企劃者提出的對策核心內容是什麼。

・令人感到轟雷掣電的表達是什麼？

　　尋找可以表達企劃者提出的對策核心的表達，在結論中提出來。

　　導出概念之後，像這樣報告就可以了。「組長，關於上次您指派的○○案子，我想到的解決方案一言蔽之是如此這般（概念）。其意義是如此這般。我之所以這麼想是因為首先、其次、第三……。」如果是 A 超市 X 分店的情況，像這樣展開就可以了。「店長，上次您要我傾聽顧客心聲，我的分析結果是分店再這樣下去的話，可能會無法生存。所以我認為我們應該轉型成像銀行一樣值得信賴的超市。」

　　第一句話就包含了調查內容的結論，以及企劃者的對策意圖，濃縮了所有店長想知道的內容。像這樣把和結論、決策有關的概念整理得一目瞭然再報告，就不會聽到「你的想法是什麼？」、「所以你的主張是什麼？」這種反饋了。分店店長應該會覺得「哦，還不錯嘛？」才是。

　　但是，如果是在講述一長串聆聽顧客心聲的背景、目的、推進過程、調查方法與期間、分析方法等等，最後才說「應該提升顧客滿意度來增加銷售」的話，會發生什麼事？分店店長應該會產生偏見，認為企劃

者欠缺工作能力吧。

◣ 讓報告保持簡潔結論的力量 ◥

到目前為止，我們討論了金字塔結構和概念。這兩者的目的是將企劃者對於課題的意圖、想法和結論濃縮成一句話，以及傳遞帶有個人特色的訊息。結論和概念愈明確清楚，愈容易傳遞給對方並留下深刻印象。

不過，清晰、特色分明的結論還有一個優點，那就是可以讓報告保持簡潔。如同前面所討論的，金字塔結構要先提出結論，概念則要結論夠明確才有辦法導出。

而且報告內容不可過長。欲傳達的主張愈清楚，愈能突顯該主張。其他內容的敘述不用特意加長，如果愈寫愈多，反而會脫離自己想主張的內容本質。冗長的報告無法聚焦於重點。沒有清晰明確的結論的時候，就很容易用多餘的字句來填補分量。缺乏值得突顯的結論或自己的特色，難免會用沒有意義的圖表或各種分析資料來填補。

　　所以當上司說：「話怎麼這麼多？可以整理得簡單一點嗎？」的時候，其實不是指報告寫得太長。縮減報告分量是沒辦法滿足上司的。應該要想到「啊，報告沒有表達清楚我的想法」，努力充實主張，將主張寫清楚。沒辦法整理清楚想法，或是勉強寫了報告但對自己的敘述沒有信心的時候，報告內容通常就會變得冗長。碰到這種情況時，試著回想看看金字塔結構和概念吧。

Chapter 4

多元思考的 A 到 Z↵

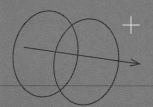

↵

做企劃的時候，重點之一是要有邏輯和連貫性地展開自己的想法。從課題的現象到結論為止，要行雲流水般順暢地展開自己的主張，看報告的人讀起來才舒服。如果是邏輯跳躍或前後不一的報告，讀起來則會很不順。

做企劃相關工作的人，一定要學習怎麼有邏輯地展開自己的想法。大部分的人使用的方法是邏輯樹（logic tree）。邏輯樹問世已久，雖然是職場人士一定要知道的工具，但是我在演講場合詢問聽眾，很多人都不知道。有時候最基本、行之多年的工具反而是最有用的工具。本章將深入瞭解邏輯樹。

刪除重複的想法、補齊遺漏的想法

邏輯樹有如樹枝，顧及了邏輯關係，抽絲剝繭，使想法從上層延伸至下層。這世界上大部分的問題都不是單獨發生的，具有複雜的因果關係。碰到複雜的問題時，只在腦海中思考的話，很可能會將結論當成理

由或是內容重複、遺漏。能夠避免這種問題發生，有結構、有系統地整理想法的工具就是邏輯樹。它能讓前後的內容保持清楚的因果關係，使自己的想法像樹枝廣泛地、有深度地散開。

在提到邏輯樹之前，要先瞭解名為 MECE 的概念。前面章節曾簡單提及過 MECE 是 Mutually Exclusive, Collectively Exhaustive 的縮寫，這是一種整理思緒的方法，使整體想法不重複地合而為一（無遺漏）。

假設最近經常感到疲勞的話，隨意想想，你可能只會想到「睡不好」、「太常加班」、「應酬太多」等等和身體活動有關的原因。但是除了生理因素之外，我們之所以感覺到疲勞也有可能是因為心理因素。如果感到疲勞的真正原因是和新任組長之間的衝突，那麼如果你只能想到上述的生理因素，就找不到問題的根本原因了。

大範圍地尋找原因的目的是消除原因，採取根本的措施，避免問題再次發生。除了生理因素，還要能想到心理因素，這樣才能找出並解決問題的根本原因。

尋找最佳解答的 MECE 思考術

在解決問題的過程當中，沒有重複或遺漏現象、原因或解決方案，是邏輯思考的關鍵。想法如果有遺漏，可能會漏掉關鍵原因，在導出目光短淺的解決方案後問題又再次發生。運氣好的話，或許能找到「局部最佳解」（local solution），但如果找不到「全域最佳解」（global solution），問題隨時都會發生。

那麼，為什麼內容不能重複？現象、原因或解決方案重複，不僅給人說話來回來去的感覺，還有浪費有限資源的問題。假設某間超市有食品區、農產品區和穀物區。大米應該放在哪一區呢？米既是食品、農產品，也是穀物，所以每一區都應該擺放嗎？那樣的話，就會需要大量多餘的商品，而且管理所造成的費用、人力或空間也要增加。也就是說，會造成不必要的資源浪費。

　　企業的資源並非取之不竭，人力、費用、精力或力量都是有限的。如果企業想創造收益，確保企業的永續性，就必須利用最有效率的方式來使用資源。必須盡可能避免重複，有選擇性地把資源集中到有需要的領域。但是如果引發問題的原因或解決方案重複了，便需要重複投入資源，使得效率降低。而且重複的思考可能會導致錯誤的結果。

　　MECE 思考術可以防止不必要的資源浪費和錯誤的結果，並且釐清關鍵原因，是能有效導出解決方案的思考根本原理。現在，透過各種案例來瞭解這個思考術吧。

　　如果像下圖一樣，按照年齡層區分韓國國民的話，符合 MECE 原則的分類嗎？為了確認這一點，我們可以提出這些疑問：各個集團之間有重複的地方嗎？除了這些集團，還有可以另外分類的集團嗎？仔細觀察，會發現沒有重複或遺漏的部分。那樣的話，從 MECE 的觀點來看，分類做得很好。

符合 MECE 原則的情況

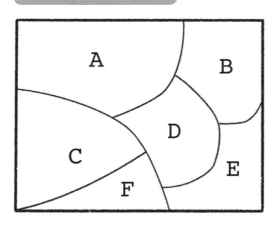

韓國國民
・未成年者
・滿 19 歲～30 歲
・滿 31 歲～40 歲
・滿 41 歲～50 歲
・滿 51 歲～60 歲
・滿 61 歲以上

　　如果把以職場人士為對象的教育訓練區分成領導力、溝通、人文學科、策略規劃、解決問題的話,算是符合 MECE 原則嗎?或許各個訓練課程沒有重複,但是撰寫報告、做簡報的課程、Excel、Word 或 PPT 等文書處理軟體技能提升課程、財務課程等都未包含在內。所以這個分類「雖然沒有重複,但是有遺漏之處」(實際上,領導力有可能包含解決問題,因此嚴格說來連 ME 都不符合!)。

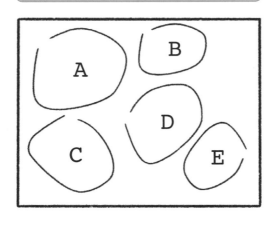

符合 ME 但不符合 CE 原則的情況

職場人士教育訓練
・領導力
・溝通
・人文學科
・策略規劃
・解決問題

如果跟下圖一樣，將一天分成清晨、早上、中午、下午、晚上，算是符合 MECE 原則嗎？首先，除了這些時段之外沒有其他時段，所以沒有遺漏。但是早上的定義因人而異，有些人的早上可能是從六點或七點開始算，所以這個分法有可能造成概念上的重複。因此，這個案例雖然沒有遺漏的時段，但是不能說沒有重複。

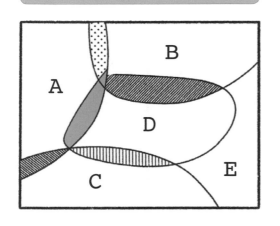

符合 CE 但不符合 ME 原則的情況

一天的區分
・清晨
・早上
・中午
・下午
・晚上

按照下圖，將炸雞、披薩和豬腳選為人們喜歡的代表食物，符合 MECE 原則嗎？喜歡炸雞的人可能也喜歡披薩或豬腳，而喜歡披薩的人也有可能喜歡炸雞或豬腳。再者，除了炸雞、披薩或豬腳之外，還有可能喜歡其他此處未概括到的食物，例如辣炒年糕、血腸、油炸物這類小吃或菜包肉、海苔飯卷等等。因此，這種分類不能看作沒有重複或遺漏，完全不符合 MECE 原則。

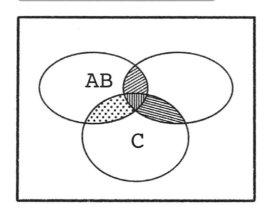

不符合 MECE 原則的情況

食物喜好度
・炸雞
・披薩
・豬腳

◤ 提高想法完整性的架構使用法 ◥

在討論邏輯時，重要的是不能重複或遺漏想法。但是想按照 MECE 原則來思考真的容易嗎？坦白說，做企劃做了 25 年的我也不敢說自己完美掌握了 MECE 思考術。有時候我的思考也會有遺漏或免不了重複。那麼，要怎麼做才能不重複、不遺漏地按照 MECE 原則思考呢？有個方法便是使用思考架構。

做行銷活動的時候，一會思考要做什麼和產品或服務有關的活動，一會思考該怎麼訂價，腦海裡想到什麼就展開想法，一定會有重複或遺漏之處。這種時候如果使用有名的「4P」（價格 price、產品 product、促銷 promotion、地點 place）架構，有助於預防想法的重複或遺漏。應該隸屬於商品的項目無法納入價格、促銷或地點，所以可以預防重複。就算一時想不到隸屬於促銷的品項，也會為了填寫內容，思考什麼品項能歸屬於促銷，進而避免遺漏。

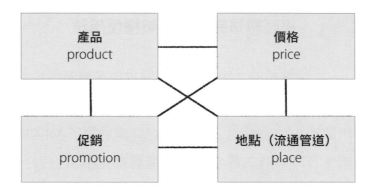

4P 思考架構

　　我們常在商管書中看到各式各樣的架構，理由便在於此。利用這些架構的話，不僅可以預防重複或遺漏，還可以讓報告閱讀者按照該架構來思考，十分有用。

　　3C 分析或價值鏈分析法也是一樣。為了熟習 MECE 思考術，善用這些架構也是個好方法。

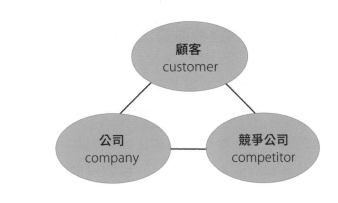

3C 分析（上）與價值鍊分析架構（下）

利用既有的架構，在不重複或遺漏的情況下整理想
法看看，自己也會漸漸達到可以製作這種架構來用的水
準。製作自己專屬的架構，就代表已經習慣了 MECE
思考術。為了掌握 MECE 思考術，閱讀提及這些架構
的商管書將會大有幫助。

簡潔地傳達複雜想法的技巧

　　另一個可以和 MECE 思考術一起運用的邏輯工具是架構化。我在 2013 年出版的《觀察技巧》提過進行創意思考的時候，最重要的習慣之一是觀察，所以在書中強調培養觀察能力的必要性。撰寫該書的時候，我提出了以下幾項提升觀察能力的方法：

- ・懷疑被視為理所當然的事物。
- ・思考要解決的問題。
- ・留意觀看微小的事物。
- ・犯錯或失敗時不要馬虎帶過。
- ・充分利用五感。
- ・別錯過生活中的小麻煩。
- ・製造能接觸新東西的機會。
- ・保持好奇心。

　　方法總共有八種，看完之後大家還能記得是哪八種

嗎？這個數量超過了喬治・米勒（George Miller）的「神奇的數字」〔認知心理學家喬治・米勒教授主張人類可以短期記得的數量為七個左右（五到九個）〕，所以可能有些還記得，有些不記得了。而且僅僅是這樣羅列的話，讀者也不容易掌握內容。

　　一番思考過後，我將其架構化以利於輕鬆記憶。雖然數量依舊是八個，但是我將內容簡化為不同的英文單字，並取各自的字首取名為「WATCHING」。不用努力回想是哪八種方法，只要將 WATCHING 寫出來，就能輕鬆理解其中包含的內容。內容整理如下：

課題	一般的報告形式	架構化
為了創意性思考所培養的觀察習慣	・懷疑被視為理所當然的事物。 ・思考要解決的問題。 ・留意觀看微小的事物。 ・犯錯或失敗時不要馬虎帶過。 ・充分利用五感。 ・別錯過生活中的小麻煩。 ・製造能接觸新東西的機會。 ・保持好奇心。	WATCHING ・Wonder ・Assignment ・Trivial ・Count Mistake／Failure ・High Sense ・Inconvenience ・New Experience ・Grow Curiosity

「為了創意性思考所培養的觀察習慣」架構化之後的內容

　　這也是一種架構化。總結來說，架構化是利用具備邏輯系統的架構，有系統地整理資訊內容。前面舉例提到的思考架構也屬於架構化。要傳遞的資訊內容太多、內容之間的關係複雜，或需要呈現資訊之間的邏輯關係的時候，將內容架構化，便能給人一種簡潔的感覺。而且，看起來紛亂無序、模糊籠統的資訊經過架構化後，我們能從中發現特定的規律或關係，產生有邏輯的印象。

　　在企劃過程中，撰寫文件是十分重要的階段。即便有再好的點子，如果沒辦法用文件如實呈現，就無法將自己的想法傳達給對方。而傳達不出去的內容當然沒有說服力，所以企劃者隨時都要思索怎麼做才能有效地傳達自己的想法。其中一個傳達技巧就是將內容架構化。

　　架構化沒有特定的原則。重點是要一邊套用 MECE 思考術，一邊尋找最有邏輯、有說服力的傳遞想法的方法。那麼，有什麼辦法可以做好架構化嗎？答案是沒有，只能不斷地思考和反覆練習。有時候會有人問

我撰寫好文件的訣竅。我堅信所謂的好文件來自於我站在對方也就是報告閱讀者的立場，反覆思考我該怎麼做才能讓人輕易理解我想傳達的內容。因此，為了好的架構化，最好的方法就是絞盡腦汁思考。

◣ 解決問題的最強工具：邏輯樹 ◥

邏輯樹是一邊思考某個現象、原因或解決方案的因果關係，一邊像樹枝般延展思考的思考架構。邏輯樹本身也是架構化的方法之一，但是這裡還要應用 MECE 原則。也就是說，組成邏輯樹的所有想法都不能重複或遺漏。由上層到下層，逐漸細分和課題的原因或解決方案有關的想法，每一層的要素彼此不得重複或遺漏。

在下圖當中，B、C 和 D 不能重複，加起來之後要能形成 A。E～G、H～I、J～L 也不能重複，E、F 和 G 要能組成 B，H 和 I 要能組成 C，J、K 和 L 要能組成 D。

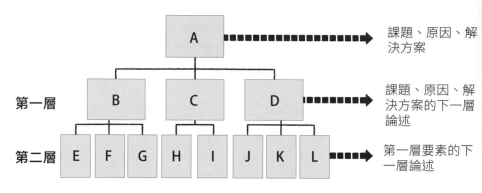

第一層

第二層

A → 課題、原因、解決方案

課題、原因、解決方案的下一層論述

第一層要素的下一層論述

應用 MECE 原則的邏輯樹

　　各層的要素比重要相同。假設問題是「感到疲勞」，如果第一層的某個分支被區分為「生理因素」，另一個分支必須是「心理因素」。如果某個分支是「生理因素」，另一個分支卻是「不想看到的上司」，由於「生理因素」涵蓋的意義範圍比「不想看到的上司」更廣，此時重心就會傾向那一邊。將此原則記在心上，從上到下擴張想法，愈下層的想法愈具體就可以了。

　　這個案例不需要展開到第三層或第四層。根據項目內容，有些可能會停在第三層，有些則需要展開到第四層或第五層。如果試圖把所有項目都展開到同一層，即可能會出現多餘的想法，所以要懂得停在適當的層次。

　　我敢說在導出問題的原因或解決方案這方面，邏輯樹是既有的工具之中最強大的工具。這世界上雖然有各種原因分析和導出解決方案的工具，除了某部分之外，幾乎都是從邏輯樹演變過來的。心智圖、六標準差所使用的魚骨圖（fishbone chart）等等，雖然用途、創造背景都不一樣，但是基本上都是邏輯樹的變形。因此，與其費力熟悉各種工具，還不如練習如何完美地使用邏輯樹就好。這對有邏輯地展開思考很有幫助。

確立想法基準的邏輯樹原理

　　使用邏輯樹有什麼優點呢？首先，邏輯樹可以一覽問題的原因或解決方案，所以能輕鬆掌握整體內容。上司光是看到執行者撰寫的邏輯樹，就能讀懂執行者的想法。

　　此外，邏輯樹應用了 MECE 原則，所以能防止想法的重複或遺漏，先行要素和隨之而來的要素之間形成因果關係，可清楚瞭解邏輯架構，進而從眾多因素

之中輕鬆判斷哪些事情相對重要，必須優先解決。

　　那麼，我們可以把午餐時段忙碌的餐廳成功要素畫成邏輯樹嗎？繪製邏輯樹的時候，有一點要牢記在心。邏輯樹是擴張想法的工具，所以要從大分支開始慢慢將想法縮小成小因素。如果一開始就把想法縮得太小，那想法就伸展不了太遠，只能停留在第一層或第二層。

　　這間餐廳的成功因素應該從哪個分支開始呢？乍一想，味道、價格、菜單、服務、地點佳的話，好像可以取得成功。那麼，我們可以把這些因素放在第一層；問題是如此一來，能在下一層展開的因素就不多，也就是說想法可能會斷掉。

　　第一層需要比上述範圍還廣大的分支。那將起始分支分成無形的理由和有形的理由怎麼樣？無形的理由是雖然看不到，但是可以吸引顧客的關鍵理由。有形的理由則是從可視的觀點來說，能夠吸引顧客上門的理由。

　　無形的理由又可以分成本質層面因素，以及僅次於本質，可以動搖顧客內心的附屬層面因素。有形的理由是可見的，所以可以分成設施或地點等等。那麼，

第二層的無形的理由可以放置本質因素和附屬因素，
有形的理由則可以放置設施因素和地理因素。

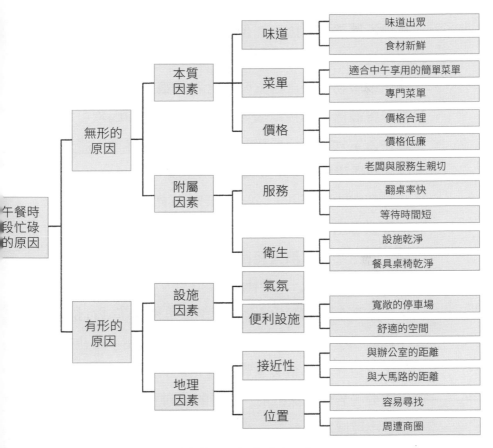

午餐時段忙碌的餐廳成功因素

　　現在往第三層延伸。餐廳的本質是什麼？餐廳是吃東西的地方，所以我們能最快想到的因素是「味道」，以及午餐時段可以選擇的菜單、價格等等。附屬因素雖然不屬於本質因素，但必須是能對顧客的選擇造成決定性影響的因素。以餐廳來說，可能是環境的衛生狀態或服務。設施因素又包含跟餐廳建築物有關的因素、餐廳擁有的停車場等便利因素。地理因素可能是離辦公室近的街道或接近大馬路的位置等等。將這些因素整理起來，會如上頁圖表所呈現。

　　如同前面所說的，第三層的因素搬到第一層，就無法輕易導出氣氛或餐具清潔狀態等因素。所以可以的話，一開始盡量填入範圍較廣的因素，愈後面的想法愈細分成小因素，這樣比較有利於想法的擴張。

　　看到這裡，你可能會懷疑是不是遺漏了「行銷」、「宣傳」或「口耳相傳」之類的因素。沒錯，這些被遺漏了，這是因為繪製邏輯樹的企劃者認為那些因素不太重要。若像這樣出現「思考的傾向」，邏輯樹的模樣也會出現偏差。

不同的假說，不同的解決方法

此外，邏輯樹也能有用地導出解決複雜問題的假說。假說思考也是麥肯錫管理顧問公司解決問題的技巧，這是一種利用邏輯樹，導出複雜問題的根本原因，得到解決問題的假說的方法。

以生育率問題為例，韓國生育率已經低到平均每個家庭不到一個小孩。預計再過不久人口就會斷崖式下跌，是非常嚴重的問題。為什麼大家不生小孩？在利用邏輯樹尋找原因之前，我們先設定假說看看。

最先想到的假說是扶養小孩的花費太高，有經濟方面的困難。另一個假說是環境問題，就算生下小孩也很難安心扶養。接送小孩上幼稚園和上下班時間不一樣，而且很難找到人幫忙顧小孩。還有別的假說嗎？

最近的年輕人很常因為養小孩太累而選擇不生，但是在我聽來主要理由是因為小孩出生後的成長環境太過惡劣。年輕人不想在政治、經濟、社會和文化方面還有很多待改善之處的國家養小孩。這和前面提到的

兩種假說截然不同，不是從扶養小孩的角度，而是站在小孩的立場來思考假說。

　　所以如果想刨根究底，查明生育率低的原因，便要從扶養小孩和小孩本身的角度來考量，而這會是邏輯樹的第一層因素。以扶養小孩的立場來說，經濟、環境因素是不想生育的因素，隸屬於第二層。以小孩的立場來說，隨著成長階段的改變會出現各種因素，例如教育環境中的競爭、就業煩惱、受聘方面的不安、經濟不安等。所以第二層最好分成成人前後面臨的困難，接著在第三層一一細分就可以了。整理出來的邏輯樹如右頁圖表。

　　利用邏輯樹將問題架構化看看，即可發現其他的假說。也就是韓國年輕人生活辛苦，不想讓子女承受在這種環境生活的痛苦。這種假說很難靠腦海浮現的想法導出來。透過視覺上能夠清楚確認的邏輯樹，按照各個階段分析因素並使其架構化，得以導出清晰明確的假說。

　　經過整理的生育率下滑理由如下：

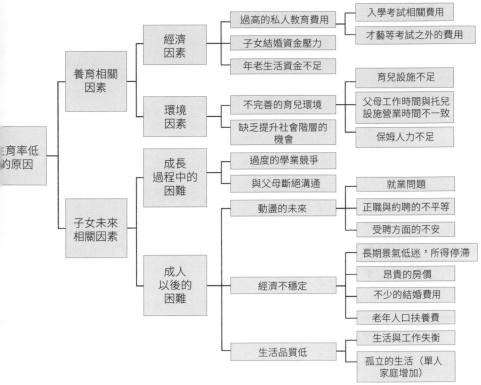

・假說1

　　扶養小孩的費用太高，經濟方面有困難，難以準備老年生活。

・假說2

　　不是能放心扶養小孩的環境，不想過得太辛苦，所以不生。

・假說3

　　年輕人不想讓自己的辛苦延續到子女身上，所以不願生育。

　　之所要要導出假說，是因為解決了該假說，問題就能獲得解決。

　　假說 1 屬於經濟問題，所以必須解決扶養子女的過程中可能會發生的經濟問題，政府應該實施支援生育津貼或育兒費用等政策。雖然目前的支援制度發放的津貼遠遠不夠，但那些政策仍是基於假說 1 而推動的政策。

　　假說 2 屬於環境問題，需要更根本的對策。應該增加育兒設施，改善育兒環境，好讓父母可以放心地專注於經濟活動，而且需要產後婦女職涯中斷的相關配套措施。

　　假說 3 的問題必須從最根本的原因下手，努力脫胎換骨，例如擺脫政治落後性、確保創新的經濟成長突破口、保障穩定的生活品質、擺脫貧富兩極化和過度競爭等等。

　　不同的假說會帶來不同的解決方案。根據不同的想法延伸方式，問題的根本原因和解決方案都不一樣。

　　邏輯樹是讓想法變得更深更廣的工具和技能。愈常

使用某個工具或技能，實力進步得愈多。如同剛學騎
腳踏車的時候常常摔倒或歪來歪去，但是愈騎愈進步
一樣，邏輯樹也是在剛開始使用的時候會感到生疏辛
苦。但是慢慢掌握要領，上手之後就會知道沒有比這
更厲害的工具了。多多利用邏輯樹，讓這個強大的工
具變成自己的東西吧。

◤ 務必時時檢查想法的展開 ◥

　　有什麼辦法可以驗證自己繪製的邏輯樹對不對嗎？
畫好邏輯樹之後，當然要驗證看看想法是不是有邏輯
地順暢展開。有一種方法是，從後面的因素往前推，
確認想法是否能自然地連起來。
　　剛才我們用邏輯樹分析了午餐時段忙碌的餐廳成功
因素，現在取其中一部分來驗證看看。
　　本質因素可以分成味道、菜單和價格，味道又可以
分成味道出眾和食材新鮮。菜單則是分成適合中午享
用的簡單菜單、專門菜單。價格則可以分成價格合理

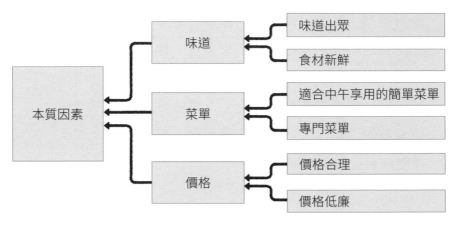

驗證邏輯樹的因果關係

和價格低廉這兩個因素，確認菜單的訂價是否合理。

　　現在從後面往前追溯看看吧。出眾的味道和新鮮食材是讓食物變美味的因素嗎？這部分似乎沒什麼問題。適合中午享用的菜單或專門菜單在這裡可以當作令人滿意的菜單嗎？合理和低廉的價格可以被視為價格具有競爭力嗎？美味、令人滿意的菜單和有競爭力的價格能變成餐廳忙碌的本質因素嗎？可以像這樣從後面往前推，確認看看原因和結果是否自然連接，如

果不會覺得奇怪，就代表邏輯樹繪製得很好。

到目前為止，我們瞭解了基本原則 MECE、架構化和邏輯樹的概念。重點在於邏輯樹，希望你現在知道 MECE 和架構化是繪製邏輯樹的基本思考概念。

如同我剛才所說的，使用這些工具和騎腳踏車或游泳沒什麼兩樣。為了騎好腳踏車或擅長游泳，需要不斷地練習。理論背得再熟，也沒辦法嫻熟地騎腳踏車或有自信地游泳。同樣地，邏輯樹的運用需要大量練習。熟悉了邏輯樹的使用方法，再龐大複雜的問題也可以輕鬆地架構化。一邊探究因果關係，一邊展開想法，即可從中找到關鍵因素。

雖然我在第一章也提過了，邏輯就像在鋪墊腳石，讓我們能從現象導出合理的結論。墊腳石如果自然連接，從現象到結論的過程便會顯得自然順暢，但是墊腳石連得不自然或東缺一塊、西缺一塊，從現象到結論的過程就會顯得彆扭。因此，為了學會如何自然地應用邏輯樹，需要勤奮練習和訓練。

Chapter 5

提出史無前例
的企劃案吧

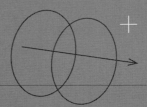

　　香港的雨季為5月到9月，出現颱風的機率也很高。由於經常下雨，這段時間香港人的表情比起其他季節也相對黯淡。要有陽光，血清素才會在大腦中生成，振奮情緒；下雨會導致心情低落，甚至是得到憂鬱症。同個時期，離香港很近的菲律賓卻是風和日麗，再適合度假不過。如果想跟因為梅雨季節感到憂鬱的香港人宣傳，要他們到鄰近的菲律賓旅行的話，該怎麼做才好？

　　對於這個問題，大部分的人想到的是透過電視或報紙做菲律賓旅遊的廣告，或是透過網路宣傳。但是如此平凡的方法很難取得與期待相符的效果。新穎的點子、他人沒做過的嘗試有時候反而會奏效。

　　菲律賓最棒的航空公司宿霧太平洋航空（Cebu Pacific）想對在長期雨季中憂鬱的香港人宣傳菲律賓的晴朗天氣，吸引香港人到菲律賓旅行。打著「菲律賓正陽光明媚」(It's sunny in the Philippines) 的口號，宿霧太平洋航空為香港人企劃了這個廣告。在梅雨季開始之前，該航空公司先在馬路上用防水噴漆畫了商標。一旦下雨，原

本隱形的商標就會浮現出來。走在路上的香港人停下腳步看那個商標,把手機湊近並且掃 QR code,手機便會自動跳轉到宿霧太平洋航空官網,提供這些使用者優惠機票。宣傳結果顯示宿霧太平洋航空的線上預約足足增加了 37%。

重新思考企劃的含義

　　企劃難做的首要理由是上司的意圖不易掌握,第二個理由是問題很難定義,第三個理由則是很難提出有創意的對策。解決問題所需的思考能力包含邏輯能力、批判能力和創意能力等等,但是大部分的人都對創意能力沒什麼自信。在認為不顯眼才是美德的韓國社會當中,創意思考被壓得死死的。

　　創意思考是做企劃的時候不可或缺的關鍵能力之一。前面提及的成功企劃特徵之一是具備革新、創意性,與既有的產品和服務產生區別。和既有的東西一樣的企劃不可能成功。這邊我們先來瞭解一下企劃的

定義。

　什麼是企劃？要說「企劃旅行」才對，還是說「規劃旅行」才對？如果被問到這個問題，大部分的人都認為「規劃旅行」的說法才是對的。但是如果你上班的公司是旅遊公司呢？假設到目前為止銷售的旅遊商品以日本和中國為主，而這次公司想把旅遊商品擴大到整個東南亞，那麼算是企劃還是規劃呢？這是要創造出不存在的商品，所以企劃這個說法才是對的。

　假如為了慶祝父母的 80 歲大壽，全家要到國外旅遊，那算規劃還是企劃呢？這種情況可以說是混合了規劃和企劃。看是要避免辛苦地走馬看花，一家人舒舒服服地在某處度過溫馨的時光，或者是要一起去逛知名觀光景點，還是盡情享受美食等等，確定旅行方向或概念的事屬於企劃。決定好方向之後，決定時間、地點、行程、參加者、準備方式和經費來源等具體內容，則可以算是規劃。因此，「企劃旅行」和「規劃旅行」都是對的說法，只是會隨情況而變。

　那麼，要說「企劃項目」才對，還是說「規劃項目」

才對？這個問題也有很多人會搞混，大部分的人會回答「企劃項目」是對的，但是在我們的職涯當中，「規劃項目」的業務比「企劃項目」還要多。每年到了年底，思考來年的業務項目該如何經營並具體分配課題、費用和人力的工作屬於規劃項目。企劃項目的意思是，進行以前不曾做過的新項目。

　　這樣看下來，即可知道企劃和規劃的定義不一樣。企劃是創造前所未有的新東西。要做的事情是確定要做什麼、該怎麼做和設定目標。所以「Why」或「What」很重要。反之，規劃是透過企劃，按照明確的方向，具體地準備該做的事。必須具體化達成目標的方法，所以「How」更重要。規劃的英文是 plan，企劃是準備plan 的階段，所以字尾加上進行式後綴詞「－ing」變成 planning。

　　簡單來說，企劃可以說是提出新點子，付諸實施的過程。但是這個定義少了某個重要的東西。只要提出新點子，付諸實施就可以了嗎？企劃實施後一定要有什麼東西發生了變化。也就是說，必須提高價值。萬

一進行企劃之後價值仍沒有提高或反而下滑，那就是失敗的企劃。

> 所謂的企劃是提出新點子並執行，藉此提升（組織或個人的）價值。

這才是企劃的正確定義。定義之中務必包含價值提升這一點。對企業來說價值指的是組織的價值，對個人來說則是個人的價值。

需要在嘗試時能改變價值的企劃

2016 年，某項全球矚目的大型活動在韓國舉行，即採用深度學習（deep learning）的人工智慧程式 AlphaGo 和國際級圍棋棋士李世乭之間的對弈。圍棋變化多端，比西洋棋更難預測，全球都興致勃勃地關注這場對決，好奇人工智慧究竟能不能打敗人類。然而，李世乭從第一局開始就被逼到角落，好不容易藉著一步妙

手，在五局之中贏得一局。

　　Google 企劃的這場全球性活動落幕後，發生了兩個重大變化。一個是全球聚焦於人工智慧，投資如潮水般湧現。在此之前，世人對人工智慧的評價不太高，但是現在全世界的人都知道採用機器學習或深度學習的人工智慧有無窮的發展可能，甚至有人開始害怕機器。

　　另一個改變是 Google 的企業價值一飛沖天。AlphaGo 和李世乭的對決結束後，Google 的市價暴漲了 58 兆韓元。雖然在此之前大家都知道 Google 正開發機器人和人工智慧，但是對其水準抱持懷疑。可是AlphaGo 和李世乭的對決結束後，Google 被視為擁有全球最尖端技術的公司，人們因此開始投資 Google。

　　像這樣成功的企劃可以讓組織的價值直線上升。韓國生鮮電商 Market Kurly、銀行 KakaoBank 或家電產品 LG Styler 皆藉由成功的企劃令外部人士對企業產生正面的看法，市場價值也跟著暴增。反之，失敗的企劃會削弱企業價值。混合鹿茸的咖啡品牌、添加人工香料的炸雞品牌、看重行銷多於品質的鞋子品牌、側

重於成長而不是味道且收費高的大型咖啡連鎖店等等，企業價值一落千丈到比以往還低的地步，有些品牌甚至還消失了。

　　個人也是一樣。準備朋友、戀人或家人紀念日或活動的時候，我們也會期待活動進行後產生改變。透過活動分享彼此的心意，關係如果變得更深厚，便代表價值的上升。

　　嘗試前後的企劃價值必須有明顯的變化。一窩蜂跟著做誰都能做到的事，無法吸引顧客的注意力，也沒辦法帶來改變。假設某企業涉足外賣事業，使用的方式和既有業者相同，便無法引起顧客的關注。企業必須嘗試別人沒做過的全新項目、提供和既有產品或服務有差異性的價值，或是要有足以改變事業框架的劃時代變化。所以在企劃過程中創造出來的解決方案必須具備差異性，無論是以革新或有創意的方式。不過，差異化的方向當然不能違背或脫離本質。

　　可惜的是，差異化的點子說起來簡單，一時要構思卻很難。最好的辦法是不斷思考。我對解決問題的一

貫主張是「思考得愈深，解決方案的品質愈高」。但光是這樣還不夠，盲目地苦思是想不到解決方案的。本章節將會討論如何導出有創意的對策。接下來我想談的是習慣或心態，而非創意思考工具。

習慣 1. 從別的觀點來觀察事物

為了創意思考，必須先拋棄既有的觀點，嘗試從新的觀點看待問題。討論創意思考時，一定會提到這一點。

人類的大腦在思考時具有特定的傾向。大腦重量約 1400 公克，占體重 2% 左右而已。但是這個小小的器官會消耗整個身體所需能量的 20%，幾乎是能量消耗怪物。因此，大腦平常會尋找消耗最少能量的方式來運作，其中一種方式就是根據經驗思考行動。我們會因此產生成見和偏見。因為這是自己已經擁有的思考模式，所以這樣思考的時候，大腦可以少消耗一點能量。

因此，大腦看待世界的時候，也是只看想看的，隔絕不想看到的東西。就算在同樣的場所看到同樣的風

景，風景也會根據看待事物的方式而變得和記憶中的
不一樣。認為自己支持的政黨做的事情都是對的，討
厭的政黨做的事情都是錯的；平常有好感的藝人犯錯
的時候輕易地原諒對方，但是極其討厭的藝人犯錯的
話就會大喊著要人家退出演藝圈；這些行為皆來自個
人內在的偏見和成見。如果不想被矇蔽，就要用各式
各樣的方法來觀察事物。透過多種觀點進行創意思考，
想到新點子的可能性也會變大。

　你會心算二位數的乘法嗎？現在來測試一下，19
乘以 19 等於多少？大部分的人很快就會放棄回答。
9 乘以 9 等於 81，1 乘以 9 等於 9，所以加 8 的話等於
17……或許在這樣嘗試計算之後，你還是會舉雙手投
降。但是換個觀點，不用五秒就能算出答案。19 乘以
19 跟 19 乘以 20 再減掉 19 的答案是一樣的。

$$19 \times 19 = (19 \times 20) - 19$$

　19 乘以 20，想都不用想就知道是 380，然後再減

掉 19 的話，答案就是 361。如果是用我們平常熟悉的乘法沒辦法快速解題，但是只要稍微換個思考方式就能輕鬆得到答案。

那麼，25 乘以 37 呢？如果也是用「（25×30）＋（25×7）」來算，就是 750 再加 175 即可知道答案是 925。我在演講的時候提出這個問題的話，一半左右的人會放棄，一半左右則會答對。固守自己的觀點和採用新觀點的人的差異便顯現於此。

看看下圖，這張圖十分有名，大家應該都有看過。這張圖看起來像什麼字？

　　大部分的人看到這張圖都會看成「Good」，不過這是看黑字的時候會看到的樣子，單看白色部分，就會變成「EVIL」。善惡共存於一張圖中。應該從哪一邊來看呢？答案是不能只看一邊。若能不傾向任何一邊，同時看見正反觀點，便會浮現有創意的點子。

　　儘管有些東西可能是關鍵線索，有時候可以延伸出創新的點子，卻因為太專注於問題本身而看不見那些東西。尤其是解決問題的思考方式或觀點僵化的時候愈是如此。

　　畢卡索創造了名為立體派的獨特畫風，是在世時賺最多錢的畫家之一。在創造出獨一無二的畫風之前，他的畫風是印象主義派。按照事物在光線下的樣子寫實地描繪，當所有的畫家都沉浸在固定的思潮時，畢卡索描繪了事物的側面或後面等眼睛看不到的那一面，創造了立體派的獨特畫風。

　　過於近距離地觀看物體的時候，只能看到細節，離太遠的話又只能看個大概。太專注於問題的話，可能就看不到解決問題的線索資訊，所以我們需要從更開

闊的觀點來看待問題。因此,企劃者隨時都要對自己
的想法保持疑惑。企劃做得愈久,愈容易困在自己的
思考模式中,看不到新的東西。推導出來的想法之所
以平凡無奇,不是因為點子枯竭,而是因為觀點受侷
限。企劃者需要常常轉換認知,從各方面的觀點來看
待問題。

　尤其需要靈活思考,並且意識到自己也有可能出
錯。人類最難辦到的事之一就是承認自己的錯誤。人
本來就不是完美的存在,沒有人是絕對正確的。在不
同的脈絡、不同的情況之下,所謂正確的東西也會變
得不一樣。自己的想法可能是錯的,我們要學會接受
這一點。當你接受自己是不對的,才能傾聽他人的意
見,從更多元的觀點來看待事物。嘗試改變觀點,便
是培養創意思考的第一個習慣。

◢ 習慣 2. 跳脫顯而易見的思考 ◤

第二個習慣是努力超越既有的想像力。雖然這聽起來很像廢話，但是相當多數的人都無法打破想像的極限，嫌棄某些事物一成不變，卻又做不到不落窠臼。安妮特·卡米洛夫－史密斯（Annette Karmiloff-Smith）教授進行過一項有趣的實驗，她要求參加實驗的小孩盡可能發揮想像力，畫畫看從未聽過、看過、存在過的生物。小孩聽到任務後畫出來的圖如下頁圖片。

如果在演講場合進行這項實驗，別說是畫畫了，很多人苦惱到連筆都拿不起來。發揮想像力就是這麼困難。更重要的一點是，仔細觀察那些小朋友努力繪畫的圖畫，會發現畫出來的生物都擺脫不了實際存在的生物特徵。左右對稱、上方是頭腦，下方是四肢或頭上有觸鬚或犄角之類的感覺器官或觸手等等。儘管那張圖是小朋友盡可能發揮想像力畫出來的圖畫，但是全部好像都在哪看過不是嗎？

想像畫

　　這項實驗告訴了我們什麼？就算我們再努力思考新點子，我們的思考都已經被結構化或是被典型的概念困住了。結構化的想像力，其意思是根據既有概念、範疇或刻板印象來思考新的事物。這個就是這樣，那

個就是那樣，腦海中已經形成了特定的框架，所以很難跳脫既有的想法。

　　再舉個例子來看看創新有多難。現代火車軌道寬1.45 公尺。為什麼是模稜兩可的 1.45 公尺呢？這是因為羅馬時代的馬車輪子寬 1.45 公尺。雖然羅馬時代已經過去二千多年了，但是當時建立的馬車輪子寬度留存至今，仍然支配著我們的頭腦。朝外太空發射的火箭直徑也跟這個有關。因為早年能把火箭運到發射地點的工具只有火車，所以當時只能按照列車軌道的寬度來製造火箭。雖然現在步入了可以尋求其他手段的時代，但是火箭寬度還是和以前一樣沒變。

　　所以想跳脫既有的想像力該有多難啊？反過來想想，這代表我們要對自己的想法抱持懷疑。就算提倡創新的創意思考，我們在成長的過程中、在職場上都不斷地受到既有觀念的影響，那些東西令我們的想像力在不知不覺間搭起籬笆，阻擋了創意思考的進入。

　　自己知道的事情不一定都是正確答案。尤其是在職場上所做的決策不一定總是對的。就像便利貼的發明

來自黏著力下降的黏著劑，有時候認為不對的東西也有可能是答案，認為沒什麼的東西也有可能延伸為創新。因此，隨時都要不停地懷疑。對自己知道的東西提出「或許不是這樣子」的疑問，努力思索出新的點子。

習慣 3. 對熟悉的事物保持陌生感

培養創意思考的第三個習慣是故意改變熟悉和陌生的東西。試著從不同的角度去看熟悉的環境，你會發現一個全然不同、不再理所當然的世界。到初次拜訪的地方時，感覺自己好像來過的現象叫做既視感（Déjà Vu）。反過來在熟悉的情況下感到陌生的現象叫做新視感（vu jà dé）。這不是常見的用詞，該詞彙出現於史丹佛大學羅伯・蘇頓（Robert Sutton）教授撰寫的《11 1/2 逆向管理》（*Weird Ideas That Work*）。

熟悉的情況如果反覆發生，行為便會固定下來，那麼思考也會跟著僵化。思考僵化的話，便有如掉落陷阱，什麼也做不了。若想逃脫，就需要練習以陌生的

觀點觀察熟悉的事物。就職的公司、辦公室、做的工作等等都是我們平日裡熟悉的事物。在熟悉的環境做熟悉的事情,思考同時逐漸僵化,便很難產生新的想法。要用和平常不一樣的視角去觀察事物,才能從全新的角度看見不曾放在心上的事物。那樣才能在不理所當然的世界想出創新點子。

現在請試著挑選五個能代表在公司工作的關鍵字,接著利用該關鍵字定義公司的使命看看。譬如說,汽車公司的關鍵字可能是「汽車」、「運輸工具」、「方便」、「節省時間」、「生活品質提升」等等。這些關鍵字可以連成一句話:「我們公司製造汽車這類的運輸工具,對於方便移動到遠處的空間、節省時間和提升生活品質有所貢獻」。

但是「汽車」、「運輸工具」、「方便」、「節省時間」和「生活品質提升」這些關鍵字是在汽車公司內部很常聽到的熟悉用語,這些單字沒什麼新鮮感,不易激發創新思考。那麼,現在讓我們拿掉所有的關鍵字,重新定義看看公司的使命吧。除了汽車或運輸工具這

類關鍵字，還可以怎麼定義汽車公司在做的事？

「我們公司製造可以輕鬆安全移動到遠處的工具，為提供充裕的時間做出貢獻。」

前後定義的內容聽起來意思一樣嗎？相較於前面的內容，後面重新定義的內容給人範圍更廣、更模糊的感覺。模糊意味著相對多的新機會。即便不是汽車，其他東西也可以是讓人輕鬆安全移動到遠處的工具，為人們提供充裕的時間。後者可以說是打開了機會之窗，展現出被關鍵字「汽車」困住而沒看到的新世界。

用陌生的角度觀看熟悉的事物，就能看到先前沒看到過的新世界。這正是培養創意思考的第三個習慣。

習慣 4. 大膽模仿和借用

第四種習慣是模仿和借用。人類本來就不是能「無中生有」的存在。有基本材料才能藉此創造出新東西。

以汽車車輪為例，輪子是人類所創造的最優秀的發明，也是為人類文明發展立下赫赫功勞的東西之一。

然而，車輪是突然有一天從天而降被製造出來的嗎？
應該是人們看到石頭從山上滾下來而想到的點子吧。
人們發現原本四四方方的石頭滾動後會被磨損，愈圓
的石頭滾動地愈快。此後，人類又將木頭削圓拿來滾
動，因而發現木頭更輕盈，所以用鐵框包住避免木頭
容易裂開，在發現橡膠之後又給輪子套上橡膠，最後
發展成現在的形態。

　　利用基本材料創造新東西是人類的特性。多多模仿
現存的東西，隨著經驗積累，便能發揮創造的能力。連
鎖超市沃爾瑪創始人山姆・沃爾頓（Samuel Walton）說：
「大部分我在做的事都是模仿他人做的事。」畢卡索也
說：「優秀的藝術家會模仿，偉大的藝術家善於偷竊。」
事實上，畢卡索畫的《亞維農的少女》模仿了塞尚的《大
浴女圖》。

　　要注意的是，不能因為模仿就剽竊他人。從既有的
事物或現象借用點子是模仿，而模仿對象的領域和自
己的領域愈遠愈好。如果模仿蘋果公司或三星這類競
爭者的產品，很容易捲入專利訴訟。但是如果從和自

己無關、天差地遠的產業借用點子，有時候則能獲得
有創意的好評。

　　譬如，電動牙刷的點子來自汽車的洗車設備。日
本新幹線車頭模仿了普通翠鳥的鳥喙，這種鳥會急速
潛入水中把魚叼走。賈伯斯效法全錄（Xerox）的設備
發明了電腦用的滑鼠；讓比爾・蓋茲成為全球首富的
Windows 借鏡了麥金塔。

　　如果從關聯性和我們所屬產業較低的領域借用點
子，通常會被視為有創意，所以模仿借用的時候不必
猶豫。慢慢培養模仿的習慣，自然而然會想到有創意
的點子。

習慣 5. 自由聯想沒有關聯的東西

　　可以增強創意思考的第五個習慣是善用類推
（analogy）。類推是指把某個問題或情況的資訊轉移套
用到類似的另一個問題或情況。

　　2010 年韓國高階主管資訊網「SERICEO」向 460

名 CEO 詢問，根據他們作為管理者的經驗，對管理公司最有幫助的習慣是什麼。33.9% 的 CEO 將類推擺在第一名，他們認為基於相似性，熟練地聯想看似彼此無關的各種點子，對創意思考來說是最重要的。類推能力愈好，愈能輕鬆解決複雜困難的問題。

想創造前所未有的新東西，需要善加利用已知的過去經驗和知識。也就是說，根據不同的知識使用方式，創意力的體現也會不一樣。因此，為了熟悉類推，需要具備各個領域廣且深的知識。如果因為自己的工作和汽車產業有關，就只學習汽車領域的東西，只和汽車領域的人見面，只參加汽車領域的研討會或展覽，隨著時間流逝，點子必然會慢慢枯竭。在陌生的領域和陌生人交流的時候，更有可能靈光乍現，想到好點子。

防彈衣是從蜘蛛網類推而來的發明物。昆蟲被蜘蛛網黏住的時候，不能穿透蜘蛛網，因為愈是掙扎逃脫，蜘蛛網會慢慢包覆住昆蟲的身體。防彈衣應用了這個原理。當子彈飛過來的時候，雖然會穿透防彈衣，但是子彈會被附近的纖維包住，降低旋轉速度，使其無

法穿透到衣服外面。據說美軍實際上有用蜘蛛網製成的防彈衣。

　　有個發明物來自貽貝。眾所周知，貽貝攀附棲息於石頭上，會分泌黏性很強的黏著物質，能牢牢黏在石頭上，不被大浪沖掉。於是有些人開始思考如何利用這個強力的黏著性，最後想到了手術用黏著劑。進行手術時，如果用線縫傷口，傷口癒合後會留下疤痕。但是不縫補手術部位而是用黏著劑黏起來的話就不會留疤，而這個黏著劑的成分便是來自貽貝。

　　好的解決方案出自有深度的思考，而且解決方式也會根據心態和態度而變。有些人執著於可以創意思考的工具或技巧，但是這些都是有諸多限制的手段。除非面臨的情況和案例一模一樣，否則很難應用。所以更重要的是要努力改變心態和態度。

◣ 看到無形之物的觀察的力量 ◥

　　關於有助於管理公司的習慣的提問，SERICEO 的

調查顯示第二多的答覆是「觀察」。25.5%，即 460 名
CEO 之中有 116 人回答留意觀察現場和顧客的行為，
捕捉背後的欲望和市場趨勢，有助於管理公司。觀察
是至關重要的創造習慣。設計思考也提過觀察是站在
顧客的角度與其產生共鳴的手段之一。

　　觀察為什麼如此重要？做企劃、進行創意思考的時
候，觀察會造成什麼影響？全球知名創意思考大師季
弗德（Joy Guilford）將創意力定義為「對於既有的事
物或現象，能夠從全新的角度表現各種想法或產物的
能力」。從全新的角度看待事物雖然是觀點的改變，但
是在此之前，重點是要仔細觀察「既有的」事物。

　　觀察不僅只是觀看事物或現象。觀察不是被動、消
極的行為，而是主動、積極的行為，是高度集中精神
的有意識的過程。藉由觀察，客觀地掌握事物的實況，
找到啟示或需要改善的地方。

　　此外，觀察是以目標為導向的行為。觀察是為了發
現某個東西，領悟它的原理，從中找出待改善之處。
回想看看小時候觀察過的大豆成長過程，或是觀察昆

蟲的經驗就會知道了。為了理解植物的成長過程，我
們密切觀察大豆要在怎樣的條件之下、經過多久的時
間才會發芽，隨著時間推移怎樣才會長出葉子並結出
果實。就像這樣觀察的時候，必須帶有明確的目標。
漫無目的的觀察不是觀察，只是「觀看」而已。

　　另一方面，觀察也可以被當作間歇性的行為，但是
為了企劃所做的觀察必須是連續性的。要觀察周圍的
事物或現象，從中發現到什麼，領悟原理，再以這個
原理為基礎想到可以改善之處。那樣觀察才能延伸為
創意思考。現在來看看以下的案例吧。

　　窮到沒錢上學的 13 歲少年喬瑟夫為了餬口，成為牧
　　羊人。但是因為一時的疏忽，羊群跳過圍欄，踩爛了
　　鄰居辛苦耕種的農作物，喬瑟夫因此被大罵一頓。
　　為了不讓羊群跳過圍欄，喬瑟夫留意觀察了羊群跳過
　　圍欄的行為，發現羊群不會靠近生長爬藤玫瑰的圍
　　欄，只會跳過木圍欄，因此得知羊群害怕爬藤玫瑰刺
　　的事實，並進一步領悟如果其他圍欄也有刺的話，羊

群就跳不過圍欄了。喬瑟夫切割鐵絲，將鐵絲彎成尖狀，做成鐵絲網。因為這項發明，一夕致富。

在這個案例中，喬瑟夫大致上做了四種行為。首先，他密切觀察羊群跳過圍欄的樣子，這屬於「觀察」。藉由觀察，「發現」羊群怕被爬藤玫瑰的尖刺刺到而跳不過有藤蔓的地方。所以「領悟」利用和爬藤玫瑰一樣有尖刺的東西做成圍欄的話，羊群就跳不過去的原理。之後喬瑟夫找到了切割鐵絲製作鐵絲網的「改善」之處。順應第二次世界大戰的潮流，靠自己的發明成為了世界富翁。

想從觀察聯想到創意思考，就要形成連續性的意識發展。這可以稱之為「觀察流程」，用圖畫來表現的話就像下頁圖表一樣。

觀察流程和提升企劃能力有什麼關係？企劃者應具備的能力之一是掌握變化的本質與趨勢的洞察力。洞察力愈好的人，掌握問題本質、問題解決核心的能力愈強。因此，企劃者不能疏於培養洞察力的訓練。反

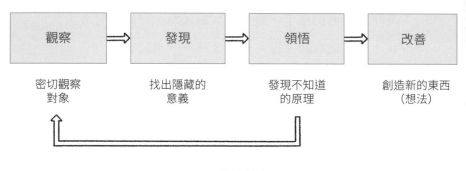

<table>
<tr><td>觀察</td><td>發現</td><td>領悟</td><td>改善</td></tr>
<tr><td>密切觀察
對象</td><td>找出隱藏的
意義</td><td>發現不知道
的原理</td><td>創造新的東西
（想法）</td></tr>
</table>

觀察流程

覆進行觀察流程的時候，能夠獲得洞察力。也就是說，藉由觀察流程積累的能力就是洞察力。

　　所謂的洞察是指讓無形的東西變得可見的能力。當其他人什麼也看不見的時候，某人能夠看出什麼的話，我們可以說那個人有洞察力。洞察力是解決問題的關鍵。重新回想一下《胡同餐館》的〈麻浦笑談街〉篇，有一間專門賣美味的新鮮明太魚鍋的餐廳，儘管味道無懈可擊，生意還是門可羅雀。究竟是哪裡出了問題？

　　大部分的人會認為原因和味道或價格有關，因此提出更換菜單或是降價攬客的解決方法。然而，白種元就不一樣了，他認為新鮮明太魚鍋雖然受到上了年紀

的人喜愛，但是很難吸引到經常逛那條街的年輕人。所以他的解決方案是加入年輕人會喜歡的口味，給新鮮明太魚鍋帶來變化。做企劃的時候要像他那樣看到實質的問題，因此與眾不同的洞察力十分重要。

　　一般來說，創新思考很常被禁錮在一道厚牆裡面。這裡說的厚牆是指既有的思考、刻板印象或習慣性的框架等等。創新思考會打破既有的觀念，但是刻板印象根深蒂固、抵抗力頑強，無法輕易打破。為了擊垮這道牆，我們需要的是洞察力。提升洞察力的方法正是觀察。透過觀察流程，培養對事物的洞察力，打破既有的思考框架，才能激發出創新思考。

　　這種觀察能力可以靠努力培養嗎？雖然所有的能力都是與生俱來的，但是有一些能力也能後天培養，無論是創意思考，還是觀察能力都可以，只是我們平常沒有意識到而已。有幾種可以提升觀察能力的方法，在這裡僅介紹「WITH」這四個概念。WITH 是 Wonder（懷疑並觀察理所當然的事物）、Inconvenience（注意觀察生活中的不便之處）、Trivial（密切觀察瑣事）、

Hundreds experience（多體驗新事物）的縮寫。現在來
逐一簡單瞭解看看吧。

方法1　Wonder：懷疑並觀察理所當然的事物

　　我們的生活充滿理所當然的事物，大部分的人以
特定的模式過生活。仔細想想看，每天早上幾乎在同
樣的時間點醒來，經過一樣的準備過程，在相同的時
間抵達公司。從家裡到公司的交通工具也幾乎一模一
樣。在公司見到的人呢？都是那些人，沒什麼變化。
做的事呢？天天在公司做的事情會有什麼變化嗎？絕
對不會。雖然內容物可能會不一樣，但是盛裝內容物
的器皿依舊沒變。

　　美國教授艾伯特・巴拉巴西（Albert Barabasi）進
行了某項實驗，以 3 萬人為對象在五個月裡用手機追
蹤他們的位置。結果顯示不知道某人在哪裡的時候，
只要去兩個地方找找看就能找到人的機率是 93%，最
低也有 80% 的機率，由此可見我們的生活重複性有多
高。

　　按照特定的習慣行動，該行為會固定下來，就連思
考也會跟著僵化。思考僵化意味著再也看不到全新的
東西，被困在思考框架之中。

　　造成思考框架的正是「理所當然」的思考。我們被
指派課題的時候，大腦會想要按照已知的熟悉方式處
理事情，啟動自動調節裝置。如果以自動調節裝置思
考，大腦會認為不用刻意努力就能輕鬆完成事情，減
少能量消耗。但是如果把思考的決定權交給這個裝置，
就再也無法創意思考了。啟動自動調節裝置或許能有
效率地快速做完事情，卻很難發揮效果。就算再怎麼
呼籲要創新，大腦也不會聽話，浮現的想法再平庸不過。

　　因此，對於平常視為理所當然的事物，我們要刻意
保持好奇心，多多觀察。抱持著好奇心去觀察，自然
而然地就會跳脫固定框架。譬如說，戴森（Dyson）的
無葉風扇就是跳脫理所當然的枷鎖的創新產品。提到
電風扇，我們會理所當然地認為要有扇葉，想像不到
在沒有旋轉扇葉的情況下會產生風。但是如果沒有重
新觀察如此理所當然的事，就不會促成創新。

抱持好奇心，留意觀察你視為理所當然的事物吧。
並試著向自己提問「如果」(what if) 或「為什麼」(why)，
看看是否能不再對此感到理所當然。如果腳踏車沒有
鏈子的話會怎樣？為什麼腳踏車需要鏈子？如果腳踏
車的把手變得跟汽車的方向盤一樣會怎樣？為什麼腳
踏車的車輪要有輻條？雖然這些提問不一定能讓我們
導出創新思考，但是一定能增加創新思考的可能性。

方法2　Inconvenience：注意觀察生活中的不便之處

大部分的發明物都是為了解決生活不便而被發明出
來的。雖然有句話說「需要乃發明之母」，但是令人產
生需要的是不便。那樣的話，應該可以說成「不便乃
發明之祖母」？

支援創業投資的金道鈞（音譯）在自己的著作中說，
可以給人帶來樂趣或興趣的東西能獲得商業上的成功，
例如遊戲。可以獲得更大的成功的是有益於生活的東
西，而成功機率比那還高的則是人們需要的東西，例
如鞋子、衣服等等皆是生活中不可或缺的東西。

　　金道鈞表示不能沒有的東西會取得更巨大的成功，而沒有會很痛苦的東西必定會成功。舉個例子，在氣溫逼近攝氏 40 度的夏天沒有冷氣是很痛苦的事。那可以驅趕嗡嗡作響，讓人睡不好的蚊子的工具呢？我不戴眼鏡的話，視力會變得很差，看不到數字就無法搭公車，所以沒有眼鏡對我來說真的很痛苦。能解決不便問題的產品或服務，愈有可能獲得商業上的成功。金道鈞建議多注意觀察這類事物。

　　譬如，走在路上，偶爾能看到心急如焚，尋找走失寵物犬的傳單。跟家人一樣的寵物犬走丟了，主人該有多著急啊？兒童失蹤事件更令人心痛。雖然最近的小孩子也會隨身攜帶手機，所以失蹤兒童人數的確減少了，但現在還是有很多父母為了走失的孩子操心。以 2016 年為基準，韓國一年發生的失蹤兒童人數將近 2 萬人。身為人父的我，十分能體會孩子走失的父母的難受心情。

　　有什麼方法可以消除這種痛苦和難過嗎？除此之外，你曾經因為弄丟智慧型手機而感到慌張或煩惱嗎？以前的手機很便宜，就算弄丟了手機，找回來的機率

也很高，但是最近一旦弄丟就很難找回來。追蹤手機位置的話，很多時候早就跨過大西洋了。

這些都是令人不便到感到痛苦的事情。不過，這些看起來互不相關的問題可以一起解決，只要有能和手機通訊的小型通訊裝備就可以了。智慧型手機搭載藍芽或近距離無線通訊技術，有能收發訊號的裝置就行了。讓寵物犬或小孩在脖子掛上一個小型通訊裝備，當他們脫離特定距離的時候，該裝備就會發出警告訊號並追蹤位置。或者智慧型手機脫離特定範圍的話，自己隨身攜帶的小型裝備就會發出警告聲，防止手機遺失。

很多創新的點子在知道之後會覺得原理很簡單。你可能會後悔地想：「啊，我怎麼就沒想到？」但是只要養成習慣，平日裡多觀察周圍的不便因素就可以了。

方法 3　Trivial：密切觀察瑣事

「積羽沉舟」這個成語的意思是輕盈的羽毛聚集起來，也能讓船下沉。還有「滴水穿石」的意思是一滴

一滴掉落的水滴也能穿透石頭。微小的東西很容易被忽視，但是當它們聚集累積，就能獲得碩大的成果。不是都說「聚沙成塔」嗎？

　　國際知名的管理專家湯姆‧彼得斯（Tom Peters）曾說，如果忽視了細微小事，不可能有重大的發現。前任紐約市長魯迪‧朱利安尼（Rudy Giuliani）為了減少紐約的犯罪事件，沒有大動作地採取行動，只是做了避免乘客逃票和清除地鐵塗鴉等小事情而已，但是成效卻很好。

　　在美國保險公司上班的赫伯特‧海恩（Herbert Heinrich）在分析保險意外的過程中發現，一則重大事故的背後隱藏了 29 種小意外，而那些意外背後出現過 300 多種不同的徵兆。這就是所謂的 1:29:300 法則，又名海恩法則。反過來想的話，累積 300 次小小的努力，即可獲得 29 次的小成功，這 29 次的小成功聚集起來又可以獲得一個巨大的成功（所以如果想中樂透頭獎，至少要買 300 次樂透！）。

　　下圖是可以打開紅酒的開瓶器，由義大利廚具名牌

Alessi 製造，單價平均近 10 萬韓元。全球每一秒就賣出一個，光是靠這個品項一年銷售額就高達好幾千億韓元。

　　這個小物件的誕生就來自注意到日常中的細微小事，仔細觀察的習慣。設計師亞力山卓‧麥狄尼（Alessandro Mendini）看到女友伸懶腰的模樣之後想出了這個產品。雖然在日常生活中誰都會伸懶腰，但不是誰都能創造出這樣的產品。把握住一閃而過的細微末節，仔細關注的人才能取得這種成功。被要求想想

把握住細微末節而開發出來的開瓶器

看創新點子的時候，很多人只會往宏偉的方向想，但是這種小細節有時也會是創新點子的靈感來源。

　　口香糖生產商箭牌（Wrigley）也是因為注意到細節，讓觀察到的結果大獲成功。我們進入停車場的時候經常做但是沒放在心上的小習慣是什麼呢？很多人拿完停車票卡之後會用嘴巴咬住。沒地方放又想快點通過柵欄機，所以會不知不覺地用嘴巴咬住票卡。箭牌創始人瑞格理注意到這個細節，在票卡的上下塗抹薄荷。在停車場取出票卡後咬住的人瞬間感覺到一股薄荷味，因此停下來重新確認了票卡，發現那是箭牌製造的薄荷糖。多虧於此，箭牌的這款產品火爆熱銷。

　　無論是 Alessi 紅酒開瓶器，還是箭牌薄荷糖，都是從觀察細微之事獲得成功的例子。有些人會說「聚沙仍是沙」，但是無論如何，至少做企劃的人要養成不會疏忽錯過任何小事的習慣。

方法4　Hundreds experience：多體驗新事物

　　有什麼課題要解決但是想不到對策，或是工作不順

的時候，有些人會去吹吹風。那麼，吹風有助於想到好點子嗎？答案是「沒錯」。尤其是陌生的體驗對有創意地解決問題大有益處。前面也提過了，熟悉的環境等同陷阱，一旦踏入就很難脫身，問題是有時候我們連自己身陷其中都沒發現。過著反覆的日常生活，渾然不知。

當我們全神貫注於某個東西時，大腦會啟動「專注模式」（attention mode），理性或邏輯思考所需的頂葉或額葉區塊會活躍運動。但是休息的時候，專注模式會關閉，另一個區塊則會亮起燈來。該區塊被稱為「預設模式」（default mode），即主要在休息、悠閒或放空的時候啟動。這就像在書房做了點事之後到外面休息，關掉書房的燈，打開了客廳的燈一樣。

悠閒自在或休息的時候，大腦看似什麼也沒做，但是預設模式的燈一亮，大腦就會更加活躍地運作。專注模式啟動的時候，大腦會搜尋接收的訊息或學習內容，儲存需要的訊息，丟棄不需要的訊息。除此之外，訊息之間會隨機結合。處於專注狀態的時候，不

會想到要連結 A 訊息和 B 訊息，但是進入預設模式的話，A 和 B 會自然地產生連結。這時意想不到的創意思考會像火花般四濺，出現「恍然大悟的時刻」（Eureka moment）。

坐在辦公桌前絞盡腦汁的時候，反而想不到好點子。一直保持理性、有邏輯地思考，創意思考便會悶聲不響地藏起來，偷偷看人臉色。如果遠離工作，稍作休息，躲起來看臉色的創意思考就會浮現。

想想看，一天當中的哪個時刻容易想到好點子？那就是上廁所的時候、睡覺之前、洗澡的時候或搭公車、地下鐵的時候。西方人稱之為「3B」：Bed、Bath、Bus，東方人則稱之為「3 上」：床上、馬桶上、車上。全部都不是投入到某個事物的時刻，而是脫離專注，悠閒地休息的時刻。

阿基米德發現浮力原理的時候，一邊大喊「我發現了！」一邊裸身跑出去的地方不是他的書房而是浴室。牛頓發現萬有引力法則的地方不是辦公室，而是享受清閒的樹下。那些改變世界的想法大多是在離開專注

的地方時忽然出現的。所以遇到難題的時候去吹吹風，
是尋找突破口的好方法之一。

　　尤其是陌生的體驗會使大腦的預設模式更加活躍。
離開出生成長的地方，到陌生城市或文化截然不同的
國家觀光，陌生的想法會更加活躍地浮現。法國作家
艾倫・狄波頓（Alain de Botton）說：「獨創的思考有
如『害羞的動物』（shy animal），不太想到外面來。
但是我們去陌生地方的話，牠們也會對那個地方感到
好奇，想從洞穴或家裡走出來。」所以接觸陌生環境、
陌生文化有助於刺激大腦，產生創意思考。

　　在陌生環境中體驗特別文化，也能產生好點子。高
空彈跳源自南太平洋某座小島的成年禮。為了證明勇
猛，要在腳踝上綁樹繩，從 30 公尺高的樹上跳下去。
當時綁住腳踝的繩子就叫做「bungee」。若很不幸地，
樹繩比樹木還長，可能會倒栽蔥身亡，但是這項不顧
危險、強調勇猛的活動變成了高空彈跳遊戲。

　　改變濟州島地位的偶來小路借鏡西班牙聖地牙哥的
朝聖之路;改良得更方便的呼拉圈和溜溜球原本是非洲

小孩的玩具。接觸陌生文化，不僅會感受到視覺刺激，大腦的預設模式也會啟動，因而浮現坐在辦公桌前也想不到的好點子。所以盡量脫離熟悉的環境，多多經歷陌生的體驗，是刺激大腦的好方法。

既然都提到了，那我再多說一句，許多人認為企劃是靠意志力達成的。好像每天拖著疲憊的身體熬夜，想辦法找到讓上司滿意的答案，就是企劃者的宿命。但是不好好睡覺，創意思考一定會明顯減少。睡眠的驚人祕密之一就是可以提高記憶的學習能力和創意力。人類睡覺的時候，深層睡眠非快速動眼期（non-REM）和淺層睡眠快速動眼期（REM）會輪流發生。非快速動眼期將學習內容儲存為長期記憶，快速動眼期則是透過訊息之間的結合，強化創意力。熬夜不睡的話，這兩者都會受到影響。不僅記憶力下降，學習效果減弱，還很難產生創意思考。這種環境對企劃者來說相當致命。

所以最好不要熬夜工作。只要一次沒睡好，大腦便無法恢復到先前的水準。再努力工作也是白費力氣，

無法取得有創意的成果。別把這些話當耳邊風，在此
奉勸大家多多投資時間在睡覺上面。

◤ 新點子就在藍海中 ◥

藍海（blue ocean）策略是思考差異化想法的合適
工具之一。藍海策略為 1990 年代中期，法國歐洲工商
管理學院（INSEAD）金偉燦教授提倡的理論。這個策
略也許現在看來有點老套，但是企劃者至少應該仔細
反思基本的概念看看。

藍海策略原指沒有競爭者的零競爭市場，概念與在
相同技術、產品、服務競爭版圖中，為了提升市場占
有率，爭得頭破血流的紅海（red ocean）策略截然相反。

藍海的意思是目前尚未存在、還沒經歷競爭血洗的
所有產業（出處：每日經濟專有名詞辭典 *）。所謂的藍
海策略則是指一改差別化和低成本等策略思考，採用
結構導向方法，創造具成長潛力的全新市場（出處：韓
國經濟專有名詞辭典 *）。該策略的核心內容是，比起

確保既有市場中的競爭優勢，更注重創造自己的競爭原則，藉此開拓無競爭、不流血的新市場。

簡而言之，藍海策略旨在為消費者提升價值，降低成本。追求差異化這一點的概念很符合企劃的定義。那麼，藍海策略要如何同時追求低成本和差異化？答案是「ERRC」，即刪除（Eliminate）業界視為理所當然的要素、降低（Reduce）或提升（Raise）業界標準、創造（Create）業界目前尚未提供過的東西。透過 ERRC，創造出全新的「策略草圖」（strategy canvas）。

舉個例子，因為工作性質，我經常到首都外的城市出差，以前要搭計程車的時候，我都會覺得不方便。我需要預約只在當地經營的計程車，但大部分的車隊電話號碼我都不知道，得找人問才行。而 Kakao Taxi 就是用起來沒有這種不便之處的叫車服務。

一般的叫車服務和 Kakao Taxi 在許多方面存在著差異。首先，一般的叫車服務，資訊都在業者手上。乘

---

* 這兩本辭典是韓國《每日經濟》和《韓國經濟》報社的線上經濟用語辭典。

客打電話給服務中心，告知目的地後，服務中心搜尋到可以載客的計程車之後再聯絡乘客。但乘客不知道車子何時會到，在對方打來之前只能乾等。有時候等了很久，才接到電話說沒有車可以搭。如果是在趕火車或飛機等緊急狀況下沒有車可以搭，就會落得一副狼狽樣。

　　Kakao Taxi 改善了這個缺點。乘客只要在應用程式中輸入要去的目的地就可以了，應用程式會把計程車將在幾分鐘後抵達的資訊傳給乘客。如此一來，不必透過服務中心叫車，也不用不安地等待車子何時會來。原本在業者手上的資訊回到了乘客手上，提升了乘客使用叫車服務的方便性。

　　Kakao Taxi 還有另一個差異化要素。有時搭計程車會擔心安全方面的問題。晚上送戀人或父母坐計程車離開的時候，你擔心過他們會出意外或發生不好的事嗎？以往的叫車服務對此毫無對策，雖然業者那邊有司機載了誰的資訊，但是乘客看不到那些資訊。而Kakao Taxi 可以透過「安心服務」告知身邊的人自己何

時、何地、搭了誰駕駛的計程車，封鎖住壞事發生的源頭。

按照藍海策略的 ERRC 分析的 Kakao Taxi 服務如下：

刪除（Eliminate）	降低（Reduce）
·打電話叫車	·使用手續費
提升（Raise）	創造（Create）
·乘客的方便性 ·計程車使用滿意度（服務）	·透過應用程式提供資訊 ·安心服務

按照藍海策略的 ERRC 分析的 Kakao Taxi 服務

有什麼被刪除了嗎？客人需要打電話叫車這一點被刪除了。有新引進的東西嗎？ Kakao Taxi 提供乘客哪輛車何時會抵達的資訊。安心服務也是原本沒有的服務。有什麼降低了嗎？雖然現在是按照級距收取服務費，但是初創時期的 Kakao Taxi 不收手續費。原本單趟 1000 至 2000 韓元的叫車手續費減少，對使用者來說是一大優點。有什麼提升了嗎？計程車司機的服務。搭乘 Kakao Taxi 抵達目的地後，應用程式會請客人給

予評價。使用者可以根據搭車的滿意程度，評價司機
的服務。在那之後，Kakao Taxi 會根據累積的服務評
價，淘汰評價不佳的司機。

　　將此畫成策略草圖的圖表如下方所示。

　　這張圖表充分顯示了一般叫車服務業者和 Kakao
Taxi 的策略草圖的不同之處。雖然對消費者來說兩者
都是叫車服務，但是有一些可以選擇要使用哪個服務
的標準，我們稱之為消費者購買決策因素。搭計程車
的標準有行駛費用、使用手續費、便利性、親切的服務、

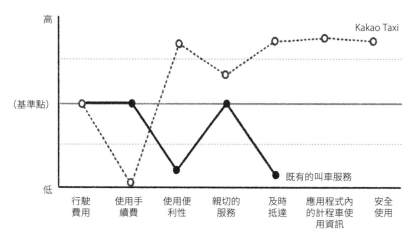

比較 Kakao Taxi 和既有叫車服務的策略草圖

及時抵達、計程車使用資訊（哪輛計程車會在何時抵達哪裡）、避免壞事發生的安全性等等。

　　行駛費用基本上是支付跳表顯示的金額，所以一般的叫車服務或 Kakao Taxi 都一樣。搭乘免手續費的 Kakao Taxi 比一般叫車服務更有利。在便利性這方面，當然是 Kakao Taxi 更好，因為乘客不用打電話，直接在地圖上輸入目的地就可以了。一般叫車服務和 Kakao Taxi 的計程車親切度也沒有太大的區別，但是 Kakao Taxi 可以透過司機服務評價來過濾不親切的司機，所以 Kakao Taxi 略勝一籌。

　　及時到達這一點呢？使用一般叫車服務的話，不知道車子何時會來，所以要在不安的狀態下等車，但是用 Kakao Taxi 叫車之後可以立刻知道車子何時會來，所以可以在需要使用該服務的時間搭車。一般的叫車服務是透過電話告知搭車資訊，但是 Kakao Taxi 則是在叫車的時候就能知道了。最後一點和擔心會發生壞事的乘客的不安心理有關，現有的一般叫車服務沒有提供相關的服務，但是 Kakao Taxi 利用安心服務消除

了乘客的不安。

那麼，藍海策略的 ERRC 該怎麼應用到工作上呢？提出關於問題的想法之前，請先仔細思考有什麼東西和既有的事物不一樣嗎？是否刪除或新創造了什麼東西？相較於既有的事物，有什麼東西降低或提升了嗎？

確認好顧客的選擇標準，將那些整理成策略草圖看看吧。如果不是像 Kakao Taxi 那樣能看到明確的差異化要素，那就代表新提出來的想法跟既有的東西沒什麼區別，就算付諸行動也無法創造價值。

這種策略草圖也可以應用到個人上。譬如，公司的顧客是上司，準確來說是包含直屬上司的高層。他們之所以在公司內那麼多人之中使用「我」是有理由的。例如我做事比他人快、取得的成果比其他人好、理解能力比別人強、比別人更會想有創意的點子，或是我具備別人沒有的專業等差異化因素。拿自己和同個部門或公司內與自己位置差不多的人比較看看所有的項目吧。

畫成策略草圖後的圖表如右所示。

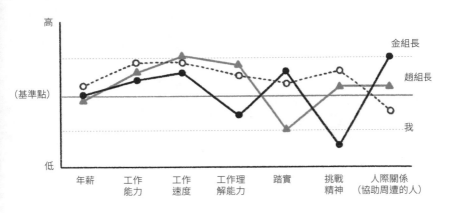

高

金組長

（基準點）

趙組長

我

低

| 年薪 | 工作
能力 | 工作
速度 | 工作理
解能力 | 踏實 | 挑戰
精神 | 人際關係
（協助周遭的人） |

比較工作條件和能力的策略草圖

　　繪製策略草圖即可知道自己比其他人擅長和不擅長
的部分。如果只是程度上的差距，所有項目都沒什麼
差別的話，對上司來說可能用誰都沒差。那麼就必須
創造出和競爭對手不一樣的差異化要素。果敢地刪除
既有的東西、創造新東西、減少過多的沒必要的東西
或提升不足之處，創造差異化要素。

　　必須具備某個要素讓上司指定自己做事時，想到
「啊，就是他了」。要具備他人無法擁有的獨一無二的
東西、只有自己才能做到的東西，別人才會記得來找你。

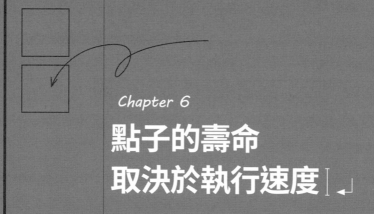

Chapter 6

點子的壽命
取決於執行速度

　　企劃過程大致上可以分成四個階段。首先是定義問題、蒐集分析資訊、找出原因，以及導出解決問題的思考（thinking）階段。第二個階段是將其寫成文件的文書化（documentation）階段，接下來是口頭傳達文件內容，說服他人或獲得協助的溝通（communication）階段，最後是執行（execution）決定好的內容的階段。

　　這四個階段之中哪個最重要？雖然重要性因人而異，但是應該會有很多人認為「做企劃最重要的還是思考吧」，因此選擇第一個階段為最重要的要素。果真如此嗎？思考能力的確很重要，但不是思考能力強，企劃能力就強。企劃能力不僅包含思考，還有文書化、溝通和執行這四種要素。因此最弱的要素將決定一個人的企劃能力。

　　試想看看，有個人擅長掌握問題，無論是分析能力還是點子都很好。但是此人最大的弱點是不會把想法轉換成書面文件。雖然有很多好主意和出色的點子，但是一寫成文件看起來就顯得平庸無奇。看到那種文件的上司會產生「這個人很會做事」的想法嗎？答案

是不會，能透過文件如實呈現自己想法的人，才是有實力的企劃者。

　　同樣地，思考能力佳，也很會寫文件，但是缺乏溝通能力的話，很難獲得其他部門的協助，而且容易因為上司的一句「不行」而垂頭喪氣，沒辦法好好闡述自己的主張，結果企劃的事情也沒辦法順利進行。因此溝通能力也是必備的重要能力之一。

　　假設某個人的思考、文書化和溝通能力都很出色。無論是什麼事情都能逐一解決，又擅長寫賺人熱淚的感性文件，還具備說服上司或周遭同事的能力。但是如果此人認為報告完就算完成工作，不再檢查企劃案，那算是做了事還是沒做事？當然是等於什麼也沒做，因為企劃要付諸行動才能取得成果。即使具備優秀的思考、文書化和溝通能力，最後沒有執行企劃的話還是沒用。所有的事情都一定要執行才行。

⅃ 執行能力太弱，企劃就只是空想 ㄒ

　　企劃者的能力取決於前面提及的四種能力之中最弱的那個。擁有卓越思考的人，文書化能力如果太弱，其思考本身無法發光發熱；思考和文書化能力都好的人溝通能力太弱，前面所做的努力也無法發揮作用；而執行能力弱的人所做的一切努力都可能付之東流。思考、文書化、溝通與執行，這四種企劃要素一應俱全，企劃才得以完成。不過，我認為其中最重要的是執行，因為未執行的企劃不過是空談而已。

　　其實，直到最近我仍有相當多的賺錢機會。如果我具備了執行力，說不定現在人正在馬爾地夫一邊啜飲Mojito，一邊看書了。也不用辛辛苦苦地寫作。很遺憾，因為我缺乏執行力，所以此時此刻還在辛苦地寫作！舉幾個我想過的點子當例子吧。

　　最近我看到新聞報導說「自助式倉儲」(self-storage)生意興隆，經營方式是在市中心附近租一個倉庫供人保管冬季棉被、厚羽絨外套或個人物品等等。雖然最

近才看到這則新聞，但是這個點子我很久以前就想到過了，少說也有十年吧。但我只是想想而已，沒有付諸行動，而在這段期間出現了很多業者，據說市場規模已達到 1 兆韓元左右。

韓國搜尋引擎 Naver 有一陣子大肆宣傳的圖片搜尋服務也是一樣。孩子們還小的時候，我們一家人每個週末都會去旅遊或踏青。當時很流行數位相機，所以我常常拿相機拍下路邊野花或美景。很可惜的是，就算我想知道野花的名字也無從知曉。即使查了植物圖鑑，也只是覺得看起來很像，很難查到正確的名字。

當時我想到的就是圖片搜尋。希望有能夠用拍下的野花照片進行搜尋，再查到花名的圖片搜尋服務。20年過去了，看到這項技術的實際應用，現在才在後悔我當初應該「至少也要申請個專利」。如果我真的申請了，那我現在應該能悠閒自在地生活，舒舒服服地躺著收權利金了吧？

最重要的終究是執行力。沒有加以實踐，再好的點子也跟畫裡的餅一樣沒有用。必須實踐想法，才能創

造實質的價值。大部分的企劃者都是專心培養資訊的蒐集分析能力，或是訓練有邏輯和創意性的思考，但是我認為最重要的應該是執行力。應該要多加注意這一點，不要犯下因為忽略執行力而導致成效不佳的錯誤。

　　若想要實踐辛苦想出來的解決方案，那就必須考慮到兩個層面。一個是點子應具體化為可以執行的程度，另一個是擬定詳細的執行計畫。點子畢竟只是點子，為了實現點子，我們需要待解決的前提條件或必須優先處理的問題，而且必須夠實際才能實踐。在把點子具體化的這個階段，要做的就是藉由障礙因素或優缺點等等，把點子變成能夠實踐的程度。現在我們就來談談這個部分。

想出內容清晰的點子的方法

　　課題的解決方案有時只是停留在想法的階段，還「不夠清晰」。如果想延伸到執行，便需要讓想法「變得清晰」。繼續打磨想法，使其具體化得以執行。否則，

上司有可能懷疑解決方案的效果，並追問具體的執行方案。

　　若想驗證想法是否能實現並具體化，最好把實踐過程從頭到尾走一遍，模擬可能會發生的情況。譬如說，為了改善工作方式，配合每週工作 52 小時的制度，公司決定導入專注工作制度，早上兩個小時內不開會、不指派工作、不接電話或收信，只要專心做自己的工作就好。實施專注工作制度來提升工作效率的立意良好，但如果執行該制度，可能會發生可預期的問題點或障礙因素，其中有些可以解決，有些不行。如果是無法解決的因素，那麼想法本身很難實踐。

　　找找看如果公司真的執行了這個方案，現實世界中會發生的問題吧。除了企劃出想法的部門，也需要其他部門的協助，若忽略了這一點，執行的過程中就有可能碰壁。

　　導入專注工作制度的時候，哪些問題是可以預期的？首先，員工可能會因為工作的關係，必須和客戶、供應商或外部人士見面。有時需要拜訪廠商或廠商來

訪，又或是為了工作、獲得許可等問題拜訪公共機關，這些都可能是問題。外部隨機打來的電話、發來的郵件或訊息都有可能造成問題。也有可能突然開緊急會議，或是被上司叫走。

　　為了避免妨礙他人工作，不想在這個時段請別人處理緊急問題，就只能等專注工作時間結束。有些人可能會在這段時間離開位置去喝咖啡或抽菸，或是偷偷躲起來玩遊戲、上網。也有些人不管是不是專注工作時段，都隨心所欲地行動。大部分的執行者能夠在專注工作時段只做自己的事，所以應該會支持這個制度。但是上級無法在這個時段聽取報告或指派工作，所以有可能不喜歡這個制度。隨著時間過去，問題愈來愈多，制度的推行有時也會不了了之，恢復舊有的制度。以下簡單地各舉一個例子，以利瞭解內容。

可預期的問題	解決方案
和外部人士的工作會面	事先請其他員工和主要廠商配合
聯絡、拜訪外部人士	勸導一段時間後透過 ARS 告知此制度
接收郵件、訊息	設定成在專注工作時段不會收到郵件或跳出訊息視窗
緊急會議	透過盡量少開會的請求和突擊檢查來宣導
上司叫人	透過管理者教育和突擊檢查來宣導
喝咖啡、抽菸等個人活動	透過內部廣播告知專注工作時段,實施懲罰或透過系統切斷外部網站
上級不在意或反對此變化	分享其他企業的案例,積極宣傳,勸導上級參與
急事	在專注工作時段之前完成急事或盡量避免發生意外

　　如果事先釐清執行想法的過程中可預期的問題點或障礙因素,即可找出成功實踐想法所需要的前提條件或需優先處理的問題等等。在這個案例當中,公司首先需要改善電腦系統,以免員工在專注工作時段收發電子郵件或訊息,並請求所有外部廠商配合,進行宣傳改善高層的意識等等,在實施制度的同時解決這些問題。尤其是針對管理者的宣導,還要事先研究其他企業的案例。

　　遺憾的是，這些事情無法單憑企劃出想法的部門達成，還需要 IT 部門、業務、採購、人力或教育等其他部門來執行。那麼，企劃者得向這些部門充分解釋新工作制度的宗旨，說服他們配合。如果 IT 部門說在系統方面無法阻止電子郵件或通訊軟體的連線（雖然這是不可能的事），那就沒辦法防止員工在專注工作時段偷偷上網或玩遊戲。如果客戶公司不願配合且視若無睹，新制度的實施可能會就此打住。所以和廠商有密切往來的公司很難導入專注工作制度。

　　還有現實層面的問題。若想成功推動專注工作制度，需要全體員工感受到該制度的必要性並積極參與。但是，員工拒絕改變或是因為接二連三出現的問題，過一陣子之後該制度不了了之的情況也有可能發生。如果為了解決這種問題，因此懲罰不遵守制度的人或突擊檢查員工，造成人事損失，反而會加強員工的反抗心理，導致負面結果。因此有必要審視需要哪些措施來順利地讓員工接受這種制度。

　　考量這些需優先處理的問題、前提條件或現實性的時候，如果發現可預期的問題太嚴重了，解決方案便很難執行。如果沒有具備實踐可能性的方案或很難取得相關部門的配合，那也很難實踐方案。當上司語帶責備地問「這行嗎？」的時候，如果沒辦法有自信地回答「這樣那樣做就可以了」，便無法說服上司。因此，找到問題的解決方案之後，還要考慮執行階段，深思需要先解決的問題、可預期的障礙因素、需要配合的部門或情況等等。以下將介紹幾種協助思考可預期問題的工具。

掌握可預期的問題點 1　**PMI 分析法**

　　「PMI 分析法」是提倡水平思考的愛德華·狄波諾（Edward de Bono）創造的分析法。此分析法把可以解決某個問題或改變現狀的想法區分為 P（Plus，正面）、M（Minus，負面）、I（Interesting，有趣面），在分析利弊後，針對做出相反決定時所發生的利弊，做出最好的選擇。

P（Plus）

・優點、正面、加法、長處、想法的優點、「為什麼會喜歡那個？」

M（Minus）

・缺點、負面、減法、短處、想法的缺點、「為什麼不喜歡那個？」

I（Interesting）

・不好不壞但有趣的地方、新的方案、獨特點

　　PMI 分析法的用途在於，避免草率判斷、放棄表面上看起來很好，實則缺點很多的意見；或不排除看似很多缺點，實際上很好的意見。此方法可屏除情緒化的瞬間判斷，均衡地考慮到意見的優缺點，做出有邏輯的判斷。

　　假設某個企業為了因應不斷變化的企業環境，強化組織內部的溝通，營造有創意的工作環境，拿掉了目前使用的所有職級。並且決定稱呼彼此「○○○先生／小姐」來破壞職級體系。這套制度能順利推行嗎？

應該有正面和負面的部分，哪些是員工能接受或會拒
絕的？

P（Plus）

- 破壞職級，全體員工可以在平等的地位交流意見，
  因此溝通順暢。
- 可以減少因為職級和角色不一致而發生的 R&R
  （Role & Responsibility，角色與責任）模糊情況
  （尤其是課長或副理等中階主管）。
- 低職級的人不用看高職級的人的臉色，可以自由
  發表意見，透過扁平化的合作，提升團隊綜效。
- 不再發生高職級和低職級互推責任的事情，可以
  專心投入各自的工作。
- 不排資論輩，根據能力受到禮遇，因此可以提升
  員工對企業的心理所有權*和投入感。
- 不再發生上下職級互相推諉塞責的情況，員工能

---

* 指的是員工把公司當作自己的所有物，像老闆一樣為公司的利益考量。

夠專注在各自的工作上。

M（Minus）

· 副理或部長等高職級的人忽然被剝奪職級，空虛
  感可能會相對強烈。

· 職級消失，少了能展現社會性的身分，因此士氣
  低落。

· 無法期待定期升遷帶來的激勵效果。

· 暗地裡依舊以部長、副理或課長等職級來稱呼，
  論資排輩，因此無法自由地溝通意見。

· 高職級員工找低職級員工的麻煩，或是彼此之間
  有一道隱形的壁壘。

I（Interesting）

· 「○○○先生／小姐」的稱呼很尷尬。

· 不太方便以「○○○先生／小姐」稱呼年長者，
  無法自在對話。

· 與其稱呼所有人為「○○○先生／小姐」，分別
  以資深和初級來稱呼高、低職級的人比較自在。

· 與其稱呼「○○○先生／小姐」，叫英文名字比較
  自在。

使用 PMI 分析法，不僅能夠想到執行想法的時候可能會發生的優點，也能顧及可預期的缺點和需事先考量到的要素。這套分析法的優點是能以多元的觀點看待始料未及的部分，拓寬思考。

ALU 分析法

「ALU 分析法」與上述的方法類似，是 Advantage（優勢）、Limitation（限制）、Unique Qualities（差異點）的縮寫，意指想法的優點或應用想法時的優勢、限制或缺點，以及想法的差異點或獨特性質。此分析法可以更有建設性地展開被提出來的方法，評估並選定能最有效率地解決問題的想法。使用此分析法時，可以集中分析想法，修正並完善結果顯現的缺點。

A（Advantage）

・優點、正面、加法、長處、想法的優點、「為什麼會喜歡那個？」

L（Limitation）

- 缺點、負面、減法、短處、想法的缺點、「為什麼不喜歡那個？」

U（Unique Qualities）

- 不好不壞但有趣的點、新的方案、獨特點

假設現在政府試圖推行酒精飲料的計量定價制度。計量定價制度為根據酒精含量定價，而不是像既有制度一樣根據酒類統一定價。也就是說，酒精濃度低的啤酒定價低，酒精濃度比啤酒高的燒酒定價比較高。而洋酒這類酒精濃度高的酒價則是最高的。我們可以利用 ALU 分析法來分析這套制度嗎？

A（Advantage）

- 由於根據酒精濃度定價，酒精濃度高的烈酒消費將會減少。
- 烈酒消費減少，可預防國民健康變糟。

L（Limitation）

- 酒精濃度比啤酒相對高的燒酒變貴，所以愛喝燒

酒的市民負擔可能會變大。

‧洋酒會變得比現在還貴，因此不易取得。

U（Unique Qualities）

‧為了降低售價，燒酒的酒精含量可能會比現在低。

此分析法也可以事先有深度地考慮到想法的優缺點。

掌握可預期的問題點 3　PPC 分析法

「PPC 分析法」也能有效驗證想法。PPC 是正面（Positive）、可能性（Possibility）、憂慮（Concern）的縮寫，主要分析想法哪裡好、具體而言可以套用在什麼情況上、如何消除令人擔憂或不安的部分。

P（Positive）

‧想法的積極面、稱讚點、優點

P（Possibility）

‧可以套用想法的具體情況

C（Concern）

・可預期的不安、擔憂點和消除方案

假設為了降低都市犯罪，提出擴大範圍在各處安裝監視器的法案。利用 PPC 分析法分析此法案的結果如下。

P（Positive）

・監視器普及，犯罪死角地帶消失，可減少犯罪。

P（Possibility）

・不用親自巡邏巷弄或住宅區也能嚴密觀察。

C（Concern）

・非罪犯的一般人的一舉一動可能會曝光，感覺遭
  到監視。→在安裝監視器的地區設置大型告示
  牌，除非要調查犯罪，否則不能查看監視器的拍
  攝內容。

◣ 為了正式執行而擬訂計畫 ◥

利用至今討論的方法將解決問題的想法變得具體之後，下個階段要擬訂可以將想法實現的詳細執行計畫。一般來說，企劃者經常忽略執行層面，大多時候是馬馬虎虎而非縝密地撰寫執行計畫。而且最常犯的錯誤之一就是未將工作組織化。

組織化是指配置要執行的工作內容、組織、人力和費用等所有資源，使其產生關聯。這聽起來可能不太好懂，也就是說，要透過組織化，賦予權限和責任，分配各種資源，以利執行解決問題所需的工作，也就是明確地分配角色與責任，看誰要負責做什麼。擬訂日程以利監督工作進度，並分配工作執行所需的資源。嚴格說來，這個部分屬於規劃而非企劃，但是企劃的概念也包含了執行，所以還是要多注意這個部分。

執行計畫1　明確地分配角色與責任（R&R）

應該最先考慮到的是明確地分配角色與責任。假設

公司文化有許多問題，你接到提出改善方案的指示，熬夜努力準備了以下的解決方案。

第一，所有會議只有決策時需要的人參與。第二，所有會議資料應在會議前三天發給出席者。第三，所有會議以討論決策事項為主，並事先告知出席者會議案件。第四，出席者務必在開會之前閱讀資料，整理好自己的意見再出席。第五，所有會議不再解釋事前發過的資料，只討論決策事項。

導出這個解決方案之後就沒事了嗎？不，還要採取必要的措施和行動，好讓解決方案實行。這個部分有些是由企劃者本人或企劃者的部門負責，有些則需要由其他部門來做。企劃者應該做的事情自己看著辦就可以了，但如果是需要其他部門做的事，則必須告知該部門，以利執行工作。那樣的話，需要明確地決定好誰在何時之前要做好什麼事。

如果要決定誰在何時之前要做好什麼事，就要事先決定好該做的事情，這樣才能根據工作性質分配工作給適任者。解決方案只是提供一個大概的方向，不

會告訴我們應該做什麼事。所以要把解決方案具體
化成可實踐的工作，此時可以繪製看看 WBS（Work
Breakdown Structure）。WBS 指的是工作分解結構，為
了達成執行課題的目標，將工作細分成以產出物為主
的階層結構。

　　假設現在為了導入外國的會議文化，需要進行標
竿學習。通常擬訂工作計畫的時候，會寫下「標竿學
習」項目並強調「何時開始與結束」，但是標竿學習要
做的事情其實很多。首先要調查資料，選定標竿學習
對象。向該對象表明企圖並取得同意。取得了同意，
還要調整拜訪日程。日程決定好了，需看公司想學習
的是什麼，準備相關問卷調查。在這個過程中，可能
會需要開會收集想法。

　　接下來要具體擬訂執行計畫。首先要辦護照、買機
票和預約住宿。在買機票或預約住處的時候，要搜尋
合適的航空公司或住處。如果沒有另外幫忙協助這些
事情的小組，所有事情就要由企劃者自己完成。進行
標竿學習之後，要撰寫報告，主要內容為基於標竿學

第一級	第二級	第三級	產物
標竿學習	事前調查與確定標竿學習對象	調查資料	確定標竿學習對象
		請示與裁決	核准文件
		撰寫與發送公文	獲得標竿學習對象的批准
		調整與確定日程	確定標竿學習日程
	準備標竿學習	開會討論檢查要點	主要檢查事項
		撰寫問卷	問卷
		發送問卷	
	準備出差	申請與核發護照	護照
		搜尋與確定班機	預訂班機
		搜尋與確定住處	預訂住處
		請示標竿學習	核准文件
	報告結果	撰寫成果報告	成果報告
		獲得啟示與公司可學習之處	

套用「標竿學習」案例的工作分解結構

習獲得的資訊,導出改善方案。

　　雖然只是要拜訪標竿學習對象,但是擬訂計畫和實施的過程比想像中複雜,而且要做的事情也很多。

　　沒做過這類工作分解結構的人可能會感到生疏,但

這是管理專案的基本工作。我們處理的所有課題，不分規模大小，都可以稱為專案，所以有必要培養繪製這種結構圖的習慣。

為什麼要進行工作分解結構？因為分解結構是工作組織化的基本要求。像這樣細分工作，才能知道為了完成課題，需要做什麼事、所需時間、要由誰執行或要向誰請求協助、所需的執行費用，以及決定事情的執行順序。而且有了工作分解結構，才能監督工作是否順利進行，管理好日程。

如果是在沒有工作分解結構的情況下做事，那就會馬馬虎虎地決定工作期間、費用或人力。執行過程中當然也會出現很多疏失和錯誤。

執行計畫2　擬訂可監督的日程

一般來說，開始執行之後會朝目標邁進，但是久而久之，速度自然會放慢。此時如果沒有監督好，最後可能無法達成原本設定的目標。必須在執行過程中設定檢查點，檢視進度，確認課題是否按照日程或規劃

進行。將日程延誤的工作、落後於規劃的工作拉回目標軌道上。這些檢查點就是監督點。如果沒有利用工作分解結構來細分要做的工作，便很難找到監督點，或是大部分的工作落後於預定的日程。

使用工作分解結構的另一個好處是，可以清楚知曉要做的事情之間的先後順序。有些事情必須先做，有些事情則要晚一點再做，如果不細分課題，就很難掌握到這一點，因此出現早該做好的事情沒有做，後來發生了差池或整個行程無限期延宕的情況。

擬訂日程計畫時，還有一點需要注意，不能隨心所欲地安排日程。雖然如果是獨自進行的工作，按照自己的情況來擬訂計畫沒問題，但如果有一同工作的對象或是有甲乙關係的話，擬訂行程計畫的時候務必要多加注意。前面提到的標竿學習案例，也是需要先獲得標竿學習對象的允許，而不是自己的公司想做就能做。若沒有先經歷這個過程，後面的行程即無法進行。假設未獲得目標公司的同意，就先撰寫問卷、預訂好機票和住處，當目標公司說沒辦法立刻執行，要三個

月後才能進行標竿學習的話，那該如何是好？那樣的話，所有的規劃都會付諸東流。

實際上，這種事比比皆是。我待過的公司生產含有LCD面板的光學薄膜。研發新產品的同時，制定了緊湊的行程。計畫在三個月內完成產品開發，三個月內接受完成品業者的性能測試，並在最後三個月內獲得外部機構的品質認證，最後於九個月內販售產品。

但是完成品業者的性能測試或外部機構的品質審核，都不是由我們公司做的。製造幾十萬韓元面板的完成品業者不可能為了替換幾百萬韓元的光學薄膜，在我們要求的時間內一次就成功地完成性能測試。外部機構的品質認證也是一樣。不是付錢就能在我們想要的時間裡獲得品質認證。這段時間可能已經累積了很多想申請品質認證的公司，認證所需的時間也不一定能如我們所願。

當事業部門拿著這份草率的計畫來找我的時候，我也給了關於日程的反饋，警告過他們好幾次。儘管如此，心急的事業部門還是說有信心能做到，強硬執行

計畫，結果新薄膜開發事業足足延誤了一年半，最後遭到取消。

　　總而言之，建立好工作分解結構後，要預估各單位需要的作業時間，考量工作的先後順序，在可監督的範圍內擬定整體日程。並且按照工作分解結構的各個單位，預估執行該作業的預算和人員，綜合導出整體需要的預算或人員。這麼做的話，就可以獲得比「憑感覺」預估還精準的估計值。

　　此外，處於工作分解結構最低階的單位作業需明確指出負責人。執行者最常犯的失誤之一是沒有指明工作負責人。就算認真分析思考課題，導出了解決方案，沒有指明負責人就什麼用也沒有。

　　假設前面舉例提到的開會方式改善方案發表後，在高層會議中獲得好評和正面反饋。會議結束後，去找總務部門或人力部門的員工說「請按照這樣做」的時候，對方會毫不猶豫地回答「好的，我正等你來」嗎？大部分人的反應都是「為什麼來找我？」如果此時你慌張地問：「剛才在高層會議中您不是說很好嗎？」對

方可能會回答：「那是因為我沒想到這件事要由我來做啊。」如果一開始就指明由哪個部門的負責人來做，就可以防止這種問題發生。

　　如果沒有付諸行動，再好的想法也只是南柯一夢。如同字面上的意思，想法只是想法，為了實際執行，要按照「六何法*」擬定具體的實踐計畫。而且需要組織化分配資源、人力和時間，以利執行和監督計畫。如此一來，即使報告沒有另外附上執行計畫也具備了完成度，因而不會被上司問「這行嗎？」、「你打算怎麼做？」讓籠統的想法往前邁一步，是走向執行的捷徑。

---

* 指六個疑問詞組成的問句，分別是何人（Who）、何事（What）、何時（When）、何地（Where）、為何（Why）及如何（How），又稱 6W 分析法或 5W1H。

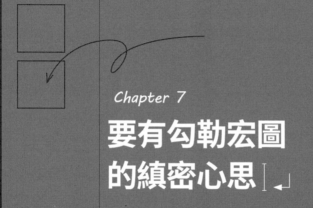

Chapter 7

要有勾勒宏圖
的縝密心思

　　有時候上司會在報告途中問「你想過這些問題嗎？」如果事前審視過上司指出的問題，你或許還能有自信地回答，沒有的話，這個問題可能會令你慌了手腳。上司這麼問是希望執行者審視過自己指出的問題，若得到不理想的答覆，場面將十分尷尬。在這種情況之下，上司必定會說「你的目光怎麼這麼淺短？」、「想法這麼不周到可以嗎？」

　　拓寬思考、進行各種觀察和調查，在企劃當中是不可或缺的元素。有限的思考必然會產生有限的答案。看得廣一點，才能從中找出各種現象、原因和解決方法。除此之外，「相互關聯性」也是要從開闊的觀點來看才看得到。在我們身處的這個世界上，一切都會產生交互作用，我們無法單獨生存。外部某人的輸入在經過內部處理後又產出，這個產物又會成為某人的輸入。這個世界環環相扣，我們稱之為系統。

　　公司是一個龐大的系統。為了做某件事，需要某人的輸入。如同由輸送帶組成的生產現場的一部分，一個人什麼也做不了。問題的情況、原因或所有的相關

資訊被輸入，經過內部的思考機制後被產出，而這個產物又會成為影響某人的輸入。如果企劃無法成為影響他人的輸入，那麼企劃的產出便派不上用場。

這種交互作用比想像中的複雜。我所創造的工作成果可能是某人的輸入，某人創造的產出又有可能幾經周折後變成我的輸入。因此，企劃者要能夠從開闊的視角觀察這種互相關聯性，也就是內含待解決問題的系統。

◤ 小心腦海中最先浮現的想法 ◥

來看個大衛‧哈欽斯（David Hutchens）的著作《五項修練的故事 4》(The Tip of the Iceberg) 所提到的案例。南極冰山棲息著許多企鵝，這座冰山雖然有大量的蛤蜊，但是蛤蜊棲息在大海深處。企鵝的肺臟很小，肺活量低，所以無法潛入大海深處挖蛤蜊來吃。

企鵝居住的冰山附近還住著海象。海象的肺臟很大，可以潛入海底，但可憐的是牠們居住的冰山沒有

蛤蜊。企鵝和海象各據一方，無法侵犯彼此的領域。企鵝擁有豐富的蛤蜊卻因為挖不到而挨餓，海象則是因為沒有蛤蜊只能挨餓。這個問題有辦法解決嗎？

基本上，這個問題的解決方案很好找。企鵝僱用海象或進行策略性合作就可以了。海象可以到企鵝島採蛤蜊，並事先約好按照特定比例分享蛤蜊。當然這邊說的是排除了耍花招等變數的情況。像這樣想到點子之後，人們總會輕易斷言這就是答案。大家之所以急著下結論是因為答案不好找。尤其是企劃沒有特定的解答，所以人們容易急著尋求答案。腦海中浮現點子的時候，未能從多元的觀點觀察，便將腦中所想視為正確解答。

但是企業是一個系統，系統內的所有要素緊密相連。就像某個汽車零件壞掉了，會影響到整輛汽車的性能，導致意外發生，某個問題與另一個問題相連，所以解決一個問題後，另一個問題會緊接著浮現。若不能看到整體的結構，即有可能把片面的思考當作答案。這就像應該先見林後見樹，結果沒看到森林，只

看到了樹木。因此，企劃者必須養成習慣，在想到解決問題的方案時，從批判的觀點審視解決方案。

　　所謂的批判是指像在買衣服一樣進行思考。買衣服的時候，不會有人只看衣服正面就買。買之前會從側面檢視衣服，就算看不到也會轉身看看背面的樣子。除了正面，每一面都努力觀察的話，便能看到只看正面的時候沒能看到的部分。

　　思考也是如此。將最先想到的解決方案視為正解，就像買衣服只看正面。只看正面的話，不會發現從側面或後面緊接而至的問題。為了做出最好的選擇，必須深思能從各方面想到的所有解決方案。選擇某個解決方案的時候，必須仔細考慮可預期的障礙因素、風險和對策等等，必須深思是不是考慮到所有能選擇的方案、導出結論的推論過程是否有效、是否能預測解決方案的結果，以及解決方案是否會引起其他問題等。

解決方案足以解決預期的問題嗎？

　　現在回到企鵝和海象的案例。海象和企鵝應該能靠海象挖來的蛤蜊過上一段幸福的時間，但是久而久之傳聞在附近傳了開來，其他冰山的企鵝可能會湧入。如果其他企鵝湧入了，就需要更多的蛤蜊，因此需要更多能挖蛤蜊的海象。

　　冰山的領域有限，但是企鵝和海象的數量都暴增了，所以發生了前所未有的意外事件。為了擁有更多的蛤蜊，彼此發生衝突，出現被海象殺死的企鵝。或者因為海象和企鵝數量太多，超出冰山的負荷，因此冰山逐漸下沉。這是企鵝和海象進行策略性合作、挖蛤蜊的時候，可預期到的會發生的問題。

　　那麼，這個問題不需要處理嗎？畢竟發生糾紛時如果只是互相爭執，問題有可能自然獲得解決。不過，實際上不能這麼做。如果有可預期的問題，就必須擬定合適的對策。大衛・哈欽斯提出以下的解決方案。先限制可以在冰山居住的企鵝和海象數量。挖好的蛤

蜊放到附近不會下沉的陸地，需要多少就搬多少到企鵝居住的冰山。其他冰山也要限制數量，只拿取需要的蛤蜊回來。

　　為了解決某個問題而想出來的方案可能會引起另一個問題。就像亞馬遜的蝴蝶拍翅，美國德州會出現颱風的「蝴蝶效應」，某個問題可能會導致另一個地方發生始料未及的嚴重問題。留意到這些的企劃才算是完善的企劃。

　　雖然在現今如此複雜的世界，幾乎不可能考慮到所有的因果關係，但是我們還是要努力做到。如果有可預期的問題，就得提出顧及該問題的解決方案。在企鵝和海象的案例中，解決方案不是彼此之間的策略性合作，而是採取策略性合作後，要把蛤蜊搬到附近的陸地，並且在企鵝居住的島上建立限制數量的制度。

　　若缺乏有系統的思考，思考會像反掌般變得過於簡單。這就像把問題當成手掌，單純地把手掌翻過來，認為手背就是解決方案。這又被稱為「線性思考」，意思是把現象的反面當作結論。假設你現在感到極度疲

憊，若是線性思考的話，你可能會認為自己需要休假減輕疲勞。但是感到疲憊只是因為疲勞嗎？有可能是因為你肝功能低下、工作和個性不符合，沒有樂趣或是因為周遭有討厭的人，所以你才會感覺到疲憊。如果是這種情況，就算請假休息一天，也無法消除疲勞。

先見林，後見樹

當產品滯銷，銷售下滑的時候，陷入線性思考的話，便只會一昧尋找加強宣傳或透過顧客活動等行銷提升銷售的方案。但是根本問題有可能是環境改變，或是消費者的喜好發生變化。譬如，製造奶粉的公司奶粉銷售下滑、製造嬰兒用品的業者國內業績年年下降，是因為生育率逐年下降。

這種時候就算做「奶粉買一送一」的贈送活動，也無法填補過去下滑的銷售。因為現在的社會結構正在轉變為銷售一定會下滑的結構。在這種情況下，把精力投入業務或行銷也沒用。應該要尋求其他方案才對，

例如改變目標市場、導入劃時代的商業模式或將目標放在海外市場等等。線性思考只看症狀就開處方,只能算是治標不治本。

歷史上實際發生過線性思考導致的大災難。中國的毛澤東擊退蔣中正,成立共產政權之後的 1958 至 1960 年之間,中國發生了大饑荒,餓死的人高達 4000 萬人。4000 萬人幾乎是整個韓國人口的數量了。然而驚人的是,這場駭人的災難不是天災,而是因為毛澤東的一句話。

毛澤東掌權之後,為解決糧食不足的問題,憂心忡忡。有一天,他在巡視某個農村的途中看到啄稻米來吃的麻雀。人類沒東西可吃都快餓死了,麻雀卻在吃珍貴的穀物,毛澤東看到此景怒喊:「那是有害的鳥,全部抓起來殺了。」因為這句話,麻雀瞬間和老鼠、蒼蠅以及蚊子被分類為四害,忽然變成了撲滅對象。中國全境實施了消滅麻雀的政策,不到幾個月,中國境內的麻雀就絕種了。

毛澤東和其他中國共產黨幹部期望麻雀消失後,糧

食會增加，餓死人數能減少，實際情況卻截然相反。展開麻雀掃蕩作戰的第一年，農作物收穫量減少，此後幾年稻米的收穫量銳減。沒了食物，人類開始以指數級的速度死去。問題就出在食物鏈的破壞。雖然麻雀會吃稻米，但是也會抓害蟲或昆蟲來吃。麻雀一消失，就失去了抵擋害蟲的方法，農作物染上各種病蟲害，無法結成果實便枯死。

　　儘管如此，毛澤東還是大力推行麻雀掃蕩作戰，情況愈來愈糟糕，中國全境餓死的人數如雪球般愈滾愈大。政府很慢才意識到事情的嚴重性，為了復原生態，偷偷從前蘇聯國家購買麻雀。但是瓦解的食物鏈沒辦法立刻復原，結果又花了好幾年的時間才恢復生態，而這段期間有更多的人只能活活餓死。甚至有些地區還出現了吃死屍的事情，無法想像當時的情況有多駭人。

　　如同生態界，企業可以說是為了建立統一的整體，各個複雜的部門基於特定目標聚在一起的集合與龐大的系統。企業內部的所有部門和其他部門或外部投資者、合作夥伴產生交互作用，緊密相連，相互依賴。

意識到企業內所有部門自然而然地彼此牽連，從整體
視角看待情況的方式便是系統思考。

　　進行系統思考，可以從整體而非局部性的觀點提出
能更有效改變系統的解決方案。如同前面所述，見樹
之前要先見林。唯有透過系統思考才能發現造成問題
的結構，而且必須修正此問題，才能消除問題發生因素。

　　某個問題和另一個問題錯綜複雜地牽連在一起。若
想解決某個問題，就必須考慮到另一個問題。也就是
說，不要從小組或部門的層面來看待問題，要均衡地
考慮公司整體的好壞。提出方案的時候，應該一同提
出可預期的風險、相關對策和往後的課題等等。若無
法熟悉這樣的思考訓練，就只會片面思考，難以提升
企劃能力。

跟地瓜莖一樣的解決對策成效佳

　　另一個需要進行系統思考的理由是槓桿效果。種過
地瓜或去過週末農場的人應該知道，在地瓜收採季節

挖地瓜的時候，某些地瓜只要把莖部提起就能毫不費力地拔出來。但是某些地瓜很難挖，莖部很容易斷掉。哪一種地瓜比較好採收呢？當然是一下就能挖出來的地瓜比較容易採收。

　　解決問題的時候也是如此。某些問題只會影響到部分領域，某些問題會對整個系統造成致命的影響。某些解決方案只能發揮一部分的效果，某些解決方案則可以革命性地改變整個系統。企劃者在解決問題的過程之中，必須找出會影響到整個系統的問題，以及可以革命性地改變整個系統的解決方案。因為愈是這樣，剷除問題所帶來的成效或透過交互作用獲得的效果愈好。即使是花費一樣的時間，處理會造成整體影響的問題或解決方案，也會比處理造成部分影響的問題或解決方案還要有效。

　　這就是我說的地瓜莖、策略槓桿。如果不培養從整體來看待系統的眼光，就很難找出這種槓桿。找不到槓桿，再怎麼努力也是徒勞無功。花一樣的時間工作，有些人很會做事，有些人卻表現不佳，其差異便是出

自於此。擅長找出策略槓桿，報告閱讀者也會對企劃者另眼相看。能看到整個系統的人的想法看起來是宏觀的，而只能看到局部的人的觀點則感覺很狹隘。

企劃者要高瞻遠矚

　　接下來讓我們透過案例來練習如何進行系統思考吧。假設你現在是某間化妝公司的員工。行銷組因應最近的消費者趨勢，打算減少實體賣場和面對面諮詢，利用線上和移動通訊增加電商業務。這間公司按照行銷組的計畫，減少實體通路，增加電商業務也沒關係嗎？

　　做出決策之前，要先羅列所有可能因此發生的問題，思考往後可能會面臨的課題和風險。先從正面的角度來看，能想到哪些正面效果？

　　首先，行銷管道從以實體為主變成以網路為主，可以輕易地吸引習慣線上消費的年輕消費者。這種行銷管道和未來的變化趨勢一致，所以也有讓以實體為主

的管道變得多元化的效果。通常網路比實體通路更容易蒐集到顧客數據，所以從分析或利用大數據的層面來看，這也是不錯的第四次工業革命應對手段。這些要素都是正面的效果。

反之，我們也可以預想看看負面效果。化妝品是需要直接塗抹在皮膚上、聞聞味道，利用五感決定是否要購買的產品，所以體驗非常重要。但是無法在網路上做這種體驗活動，顧客的不便和抱怨將會增加。如果這間公司在化妝品業界扎根多年，那減少實體行銷活動等於是放棄了原有的傳統行銷部門的競爭優勢。

減少實體賣場和面對面諮詢，也需要進行相關從業人員的結構改革。若在長期低成長時代斷然進行結構改革，可能會持續地受到社會譴責。說不定還會被貼上黑心公司的標籤，發生有組織性的拒買運動。這種問題有可能是經營企業時令人出乎意料的障礙。因此在推動該計畫之前，必須充分檢視是否有能力解決這種問題。

放棄傳統的實體通路，選擇了網路通路，那就要看

看是否有能在電商領域取得行銷競爭優勢的方案。內部能力的檢視結果是能力不足的話，便需要審視發包給外部的方案。針對上了年紀的顧客或希望能親身體驗的客人，則需要增加他們產品使用機會的對策，防止消費者流失。另外還需要尋求能解決企業形象下滑問題或法律糾紛的方案。上述這些都是障礙因素和風險，注意到這些的企劃者才能避開上司的提問攻勢。

　　企劃者要看得比別人更遠。拿出他人看不到的、意想不到的東西，是企劃者的職責所在。企劃者的格局要大，要努力從整體角度觀察大格局，如同看到整座森林才能知道樹木占據的位置，才能知道要砍倒哪棵樹或是要採取什麼措施。

Chapter 8

瞭解上司，百戰百勝

以下是我從實際上看過的企業報告中擷取出來的表格。看完之後，你有什麼想法呢？

	2003	04	05	06	07	08	09	10	11	12	2013
汽車產量 1,000 台	60,259	62,125	64,048	66,032	68,076	70,184	72,357	74,597	79,819	85,407	91,385
轎車	50,056	51,606	53,204	54,851	56,550	58,301	60,106	61,967	66,304	70,946	75,912
輕型	6,638	6,844	7,056	7,274	7,499	7,732	7,971	8,218	8,793	9,409	10,067
小型	14,366	14,811	15,270	15,742	16,230	16,732	17,250	17,784	19,029	20,361	21,787
中型	14,090	14,526	14,976	15,440	15,918	16,411	16,919	17,442	18,663	19,970	21,368
大型	3,589	3,700	3,814	3,932	4,054	4,180	4,309	4,442	4,753	5,086	5,442
RV	11,373	11,725	12,089	12,463	12,849	13,247	13,657	14,080	15,065	16,120	17,248
商用車	10,203	10,519	10,845	11,180	11,526	11,883	12,251	12,631	13,515	14,461	15,473
公車	4,756	4,903	5,055	5,211	5,373	5,539	5,710	5,887	6,299	6,740	7,212
卡車	5,447	5,616	5,790	5,969	6,154	6,344	6,541	6,743	7,216	7,721	8,261
Total	60,259	62,125	64,048	66,032	68,076	70,184	72,357	74,597	79,819	85,407	91,385
Growth Rate	3%	3%	3%	3%	3%	3%	3%	3%	3%	3%	3%
Total	3,589	3,700	3,814	16,395	16,903	33,837	40,595	41,852	44,781	47,916	51,270
1000m2	1,615	1,665	1,716	7,378	7,606	15,226	18,268	18,833	20,152	21,562	23,072
套用 Rate	25%	35%	50%	25%	25%	20%	20%	20%	20%	20%	20%
實際需求量	404	583	858	1,844	1,902	3,045	3,654	3,767	4,030	4,312	4,614

仔細看表格，可以類推出內容大概是和中大型、RV或公車等車輛使用的某個東西有關的市場展望，但是我們看不出來這些數據的含義，不明白撰寫者的意圖，

一切看起來都沒有關聯。企劃者到底想透過這張表格傳達什麼呢？看到這些數據的上司又會說什麼？

　　大部分的執行者都是如此行事。對執行者來說，仔細蒐集大量的數據，避免遺漏很重要，所以才會用Excel 將所有數據整理成芝麻般大小後，直接複製貼到報告中。但是收到報告的人會怎麼想呢？

　　如果那樣做，上司大概會這麼說:「有必要連這種事都跟我報告嗎？」、「那是執行者才需要知道的數據……」聽完上司反饋的撰寫者大概會覺得這份工作和自己不適合，心想乾脆辭職去海外旅遊吧。

　　不過，這正是企劃者常犯的錯誤。所有的數據都必須經過加工和解析。換句話說，絕對不能一五一十地呈報所有數據，數據必須經過企劃者的整理再呈現出來。

　　所謂的整理，不是單純地概括數據內容，重點在於解析數據。不是概括和濃縮數據內容，而是要用企劃者自己的話說出來。不要產出和接收到的訊息一樣或類似的內容，而是要產出包含企劃者的想法和意見的全然不同的內容。

◣ 用企劃者的語言解釋數據 ◥

　　企劃者在概括那份表格灰底部分的數據內容後，應該將自己的想法放入報告中，而數據本身應該另外附件呈給上司。

　　在節目《胡同餐館》中，主持人白種元坦白地說，他在經營餐廳的初期，經常去生意好的餐廳，翻那間餐廳的垃圾桶來看。「翻垃圾桶？該不會是翻人家垃圾桶試吃廚餘吧？」有些人可能會產生這樣的疑惑，但事實並非如此。他說翻翻看生意好的餐廳的垃圾桶，就能知道料理中放了哪些食材、用了哪間公司的產品當食材或放了哪些蔬菜之類的副食材。

　　假設 A 超市 X 分店的店長要求店員翻翻看附近公寓社區的垃圾桶，店員在翻垃圾桶的這一個星期，內心應該在想「我是為了做這種事才念完大學的嗎？」然後跟店長報告自己翻到了幾個尿布、幾塊西瓜皮、幾罐奶粉罐和幾個泡麵袋子。但是，這樣的報告沒問題嗎？雖然店員已經按照指示內容去做了，但這樣報

告真的沒關係嗎？

　　問題不在有哪些垃圾或有多少垃圾。報告內容應該包含從翻找公寓社區一週所丟的垃圾結果中類推出的啟示、分店往後的策略實施方向、比較垃圾桶裡的垃圾和分店的商品，以及應改善或加強的部分和行銷訴求點。單純羅列出數據的報告對執行者來說是必要的，但是對報告閱讀者來說卻不是。

　　回顧一下 A 超市 X 分店的案例。

・生鮮食品的保存期限太短。

・沒有 A 超市的差異化商品。

・商品缺貨，經常買不到。

・員工無法有自信地回答關於商品的提問，常找店經理。

・品質或價格方面缺乏競爭力。

　　以上這五個顧客心聲便是我們所說的原始數據（raw data），不能原樣直接傳達給上司。雖然這裡只提到了五個，但實際上顧客心聲可能有成千上百個，哪有辦

法全部都報告給上司？因此，這種原始數據必須先加工過再報告。那麼，該怎麼加工呢？

　　首先，要壓縮這五個內容。這邊說的「壓縮」不是指減少內容的分量，而是在沒有遺漏這五個內容的情況下，加入企劃者的想法。假設現在壓縮了這五個資訊，導出以下的訊息：

> 太短的生鮮食品保存期限，以及品質差、不具差異性和競爭力的商品

　　這則訊息如實反映出以上五個顧客心聲了嗎？整理成這樣再跟上司報告的話沒關係嗎？並不然。這只是單純地概括了數據，雖然顧客心聲沒有遺漏，但是未包含企劃者對 A 超市 X 分店目前處境的想法。像這樣整理資料，肯定會被上司指責：「你的想法是什麼？」

　　綜合數據的時候，要把數據中的啟示寫入經過「壓縮」的內容，那樣才能融入企劃者的想法。前面提到的五個顧客心聲的意思是「無論是商品，還是員工能

力的競爭力都下降了」。

　　傳達資訊給上司的時候，這樣的觀點是企劃者應具備的基本能力之一。但是我在演講場合上請聽眾練習看看時，大部分的人都是概括數據，而非分析數據。這麼做會斷絕了展現個人想法的餘地。記住了，看報告的上司想在報告的每個角落都看到企劃者的想法。

擅長做事的人的企劃富含智慧

　　執行者工作時從周遭蒐集來的所有資料叫做數據（data），未經加工的所有資料即是數據。有目的性地篩選特定基準的數據後產出的東西是資訊（information）。也就是，排除不需要的數據，經過篩選後再根據目的分類或排序的資訊。

　　資訊經過加工，從中提取出來的意義，我們稱之為智能（intelligence）。美國 CIA 的中文翻譯是中央情報局，但是此處的 I 不是 Information（資訊）而是 Intelligence（智能）的縮寫。意思是 CIA 所做的事情，

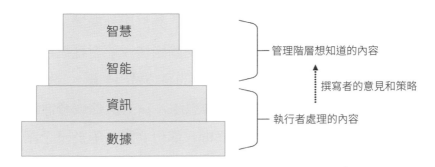

管理者與執行者互不相同的需求

是從數據中提取意義，而非單純地分類蒐集到的數據。
提取意義正是企劃者在做的「解析」。至少要做到這一
步，才有企劃的意義。

　　但是不能止步於此，必須再上升一個階段。企劃者
應該以自己解析的內容為基礎，努力加入策略或方案，
這就是智慧（wisdom）。大部分的執行者寫報告的水準
只停留在數據和資訊，但是報告閱讀者想收到的報告，
是包含企劃者意見和策略的智能，也就是達到智慧水
準的報告。有了那個，才能讀懂企劃者的想法或意見。

　　撰寫呈現企劃結果的報告時，應完全地站在閱讀報
告的上司的立場來思考。要放到報告中的數據、文字

都要做好排版，讓報告閱讀者能夠舒服地閱讀。因為
撰寫文件的目的是讓上司在閱讀過後，能對疑惑或需
要決策的事項、可以推動執行的事項做出判斷。

　　但是文件少了企劃者的想法，只有數據或資訊的
話，報告閱讀者還要「解析」那份文件，等於是企劃
者把自己該做的事推給了上司。看到這種文件的上司
當然會產生「這個人在想什麼？」的疑惑，而撰寫者
被問到「你的想法是什麼？」的話不足為奇。看看以
下的對話：

　　執行者：現在的風勢很強。
　　組長：所以呢？
　　執行者：昆蟲匆匆忙忙地。
　　組長：所以呢？
　　執行者：烏雲不斷聚集。
　　組長：所以？你到底想說什麼？

上級不會想以這種方式對話。

執行者：組長，暴風好像快來了。我會準備好對策，進行安全檢查，以免產生損失。還有，以防萬一，我會啟用緊急待命小組。

上司想要的是這樣的對話。讓閱讀者自行解析的文件絕非好文件。解析是企劃者該做的事。報告閱讀者該做的事是閱讀企劃者提出的意見，做出判斷。這就是擅長做事的人和不會做事的人的差異。擅長做事的人會動員自己的思考機制，嘗試導出自己的意見，但是不會做事的人就只是整理資訊而已。從目前的水準再往上升一個階段吧。企劃不是「概括」而是「解析」，將此牢記在心的話，企劃水準會有所提升的。

◤ 超越上司期待的方法 ◥

若想做好企劃，必須隨時站在上司的立場思考行動。接到指示的時候，與其抱持「又派工作給我了，今天得熬夜了」的想法，還不如站在上司的立場，思

考上司「為什麼會下達這個指示？想透過這個指示知道什麼？想怎麼利用這項工作的成果？」企劃者要努力掌握上司的期待，滿足上司的期待，並進一步超越上司的期待。

我在 L 公司工作的時候，有個人 40 歲就當上了執行董事。就算升遷得再快，40 歲就成為 L 公司這樣大企業的高層，是非常了不起的。他應該是有史以來最年輕的執行董事吧。當時我 38 歲，位居副理的職位。我很好奇才大我兩歲的人是怎麼快速當上高階主管的。有一天，我在共進午餐時問了他這件事。

他毫不猶豫地回答我，彷彿早就在等我開口詢問了。他說做事的時候，總是試圖站在比自己高兩個級別的上司角度來思考和行動。接到工作的時候，不會想怎麼又有工作了，而是站在上級的立場思考他們會感到疑惑的事項和應該解決的事，不會一頭栽進既有的問題，而是關注方方面面的事。報告的時候，排除實務上的內容，以上級會好奇的內容為主。說那就是他年紀輕輕 40 歲就成為高層的祕訣，不忘叮嚀我也要

那樣思考和行動。

　　弄清楚上司的期待事項，才能在報告中放入超越上司期待的內容。最好提供超乎上司期待的報告，如果辦不到，至少也要滿足上司的期待。不知道上司的期待就沒辦法達到，或只能幸運地勉強達標。因此，要成為受到認可的企劃者並不容易。企劃者的目標是超越上司的期待，首先要掌握上司的期待事項。為此，必須站在上司的立場思考及行動。也就是說，報告內容要根據報告閱讀者的職級或職位做調整。

◣ 上司要細節，老闆要藍圖 ◥

　　雖然也有例外，但是基本上組織內部的職位或職級改變的話，工作內容也會跟著改變，看待事情的觀點或關注對象也會不一樣。直屬上司重視具體的內容、數字或細節，職級愈高的人愈重視脈絡、宏觀的趨勢和概括過的內容。若說組長聚焦於解決當下的問題，那麼職級愈高的人，則愈側重於未來，而不是當下；直

屬上司側重於微觀的內容，職級愈高的人則愈想看到
宏觀的格局。

　　因此，對執行者而言重要的東西，對職級愈高的人
愈不重要。執行者應當配合高層，在報告中放入他們
認為重要的事情。如此一來，報告閱讀者才會覺得報
告內容讀起來舒服順暢，視之為一份好的報告。

　　所以收到最終報告的人的職級愈高，報告愈要排除
太詳細或未經加工的數據、實務上的討論事項、太小
的案件或技術問題等，思考時要以大方向和報告的本
質為中心。

　　我最後待的公司的董事長曾經叫下屬邀請專家，舉
辦 3D 列印研討會。好像是對負責策略的副總經理下達
的指示，但是未經過濾就傳達給身為執行者的部長。
接到指示的部長預計邀請 3D 列印工程師，籌備以技
術層面為主的研討會。但是部長說對於邀請專家一事
實在沒有信心，請我幫忙找人。一看那份企劃，我便
發現內容跟組長級別寫的報告水準差不多。我最先向
那個部長提出的問題是，「董事長想透過研討會獲得什

麼？」部長支支吾吾，答不上來，只能指派底下的人
重新準備各方面的事宜。

　　要求事項和期待事項完全不一樣。如果把相同的內
容，而且還是從執行者的角度想出來的內容，拿給組
長或老闆看的話，會獲得好評嗎？絕對不會。滿足報
告閱讀者想要的東西也是做好工作的一部分，若能超
乎期待是最好的。

　　若想這麼做，要先瞭解上司期待什麼。方法之一就
是多注意上司。雖然我上班的時候也是那樣，對大部
分的人來說，上司只是在背後拿來說閒話，而非尊敬
的對象，所以都會盡量遠離上司。但是為了做好企劃，
以及為了獲得認可，還是需要多關注上司。

　　如果不想哪天突然接到陌生的工作，就要培養平常
留意上司的習慣。如同「眼不見，心也不在」這句話，
若不觀察上司，關注度會下降，心也會遠離。如此一
來，要怎麼掌握不在意的人的想法和期待呢？

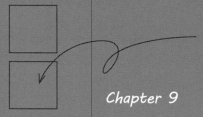

Chapter 9

只有事實才有說服力

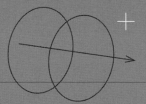

　　企劃可以說是以客觀事實為基礎，導出主觀的解決方案的過程。也就是說，企劃是分析現象和原因等客觀事實，導出能消除或解決問題起因的創意想法。

　　雖然做企劃最重要的是定義問題，並想出能解決問題的差異化想法，但是為了導出創意想法，分析時要以正確的資訊為主。如果是以錯誤資訊為基礎來分析，就算思考過程再好也會導出錯誤的原因，而消除或預防此原因的解決方案無法從根本上解決問題。

　　如同《孫子兵法》所言：「知己知彼，百戰不殆」，戰場上的勝敗取決於正確的資訊。美軍在伊拉克戰爭中利用全球定位系統（GPS）蒐集地理資訊，準確地朝砲擊目標地區投放精確的導引炸彈。此外，使用 KH-12、長曲棍球（Lacrosse）偵察衛星、U-2、JSTAR、EC-130 等偵察機，事先取得並利用解析度一公尺以內的各種資訊，贏得了戰爭。

　　二戰時期以英國為主軸的同盟國，無法破解德國 U 艇收發的密碼，屢屢戰敗。多虧英國數學家艾倫‧圖靈（Alan Turing）不辭辛勞地破解密碼，英國這才抓住

了勝機。不僅是韓國人，受到全世界海軍司令尊敬的李舜臣將軍也是基於正確的資訊，只打會獲勝的仗，締造了 23 戰 23 勝全世界空前絕後的紀錄。

　　如同資訊能左右戰爭的勝敗，正確的資訊也攸關企劃的成敗，所以企劃者時時刻刻都要留意關於課題的資訊。但是實際上相當多人在調查和分析資料的時候遇到了很大的困難。從蒐集解決課題所需的正確資料，到留下有意義的資料、使需要的情報經過加工後變得有意義，導出想要的結果，大部分的人都會覺得這整個過程相當困難。

需要新穎確切的材料

　　為了製作美味的料理，必須使用和料理相配的新鮮食材。若想煮出新鮮的明太魚鍋，就需要新鮮的明太魚和蔬菜。如果不使用新鮮的明太魚，而是用冷凍過的明太魚，或是使用小黃瓜這類蔬菜取代煮出清爽湯頭的白蘿蔔，就煮不出道地的味道。

　　為了取得正確的結果，做企劃的時候也要利用正確的資訊。如果使用了不正確的資訊，可能會引起報告閱讀者懷疑。當閱讀者知道的資訊和企劃者引用的資訊不一樣時，可能會問「誰說的？」或「這是你個人的想法吧？」對聽到這種話的企劃者來說，這可能是很嚴重的事。因為報告閱讀者並非只是斥責，而是抱持「哦，這個部分有點奇怪？」的懷疑心態在讀報告，對整份報告內容產生不信任。

　　處理資訊的時候，應該優先考量的是，是否正確地使用了正確的資訊。無論如何，所有資訊必須基於事實（fact），不能摻雜企劃者的意見。企劃者的意見要等到解決方案階段再顯現出來才行。

　　所謂的事實是指實際存在或能夠客觀證明的事情。而意見指的是對於某個現象抱持的主觀想法，因人而異。舉個例子，假設「去年韓國經濟成長率為2.7%」，這就是「事實」；但如果是「去年的韓國經濟成長率暗示韓國已正式進入低成長階段」則屬於「意見」。

　　如果提出意見，要證明意見是對的。所以務必基於

事實來分析課題的現象或原因。而且事實必須是未經
造假或扭曲的真相。

　　偶爾會發生為了導出已有定論的結論，扭曲事實的
情況。例如「董事長多年以來想推動的事業」就是。
上司早已有答案，但企劃者光靠在現場蒐集的事實，
無法導出答案，便會糾結是否要捏造在現場蒐集到的
資訊或只使用可以符合上司答案的偏見性資訊。雖然
一時之間不會有什麼問題，但是總有一天可能會因此
發生嚴重的問題。

　　很多企業為了得到早有定論的答案，會使用不是事
實，而是更近似於意見的資訊，但是這一定會造成問
題，所以務必多加小心。

▍用於企劃的資訊三大原則 ▔

　　使用資訊的時候，務必將以下三大原則放在心上。
第一，不要遺漏任何執行工作所需要的資訊，必須全
部涵蓋到。跟現象有關的內容、跟原因分析有關的內

容、跟解決問題有關的資訊等等，為了在各個階段正確執行工作所需的所有資訊都不能遺漏。

　　資訊有如從現象連接到問題解決方案的墊腳石。墊腳石鋪得整整齊齊，無一遺漏，才能踩著走到對面。如果從現象連接到結論的過程不完美，就會找錯結論的方向或展開跳躍性的邏輯思考。因此，企劃所需的一切資訊都要全部蒐集到才行。

　　但是，就算具備了所有的資訊，企劃品質也不一定會提升。基本上，工作要用到的資訊必須是正確的，這是使用資訊的第二個原則。近來 IT 技術發達，所以假新聞就跟真實新聞一樣在人們之間流傳，經常引起社會混亂或誤會。一不小心使用遭到扭曲或錯誤的資訊，即可能導致糟糕的結果。

　　企劃工作所需的資訊只能包含事實，要確認蒐集的資訊是否實際存在、是不是某人為了其他目的而加工過的資訊、是不是被扭曲的資訊等等。此外，要事先過濾掉不需要或可能會造成混亂的資訊。資訊並非愈多愈好，重要的是培養篩選出正確的、不可或缺的資

訊，以及有選擇性地使用資訊的能力。

　　最後一個資訊使用原則是，蒐集到的資訊和資料應適用於解決課題。假設業務部發生了離職率異常高的問題，需要相關的解決方案。為了解決問題而採訪業務部部長，能查清楚員工離職的真正原因嗎？這個問題和部長本身有關，所以部長可能會敷衍地回答，例如指責離職員工或把問題推到離職員工身上。如果問題出在部長的獨斷專行、傲慢的組織營運方式，光是採訪部長，很難掌握到準確的原因。

　　為了準確地判斷問題，不僅要採訪部長，還要直接聽聽看離職員工的說法，再分析原因。這種內容便可以說是資訊的合適性。

資訊的條件 1　原始資訊

　　蒐集要使用的資訊的時候，應該多留意哪些事？首先，用於分析的資訊必須是未經加工的「原始資訊」。由於近來 IT 技術的發達，不用在外面奔波也能輕而易舉地在網路上獲得需要的資訊。所以通常上司指派工

作之後，執行者大多依賴 Naver 或 Google 等搜尋引擎，蒐集最需要的資訊。

　　但是可以透過網路獲得的資訊大多數是公開的，新鮮感可能不大。某些書籍作者也會引用在網路上蒐集到的資訊作為案例，但如果使用大部分的人都知道的資訊，資訊的新鮮感就會減少，而且對作者的信賴度也會跟著下降。

　　比缺乏新鮮感更嚴重的問題是，資訊經過被加工。大部分上傳到網路的資訊都是某人為了達到自己的目的，加工原始資訊後上傳的。但是那些人加工資訊的目的和你的目的可能完全不一樣。雖然從結果來看差別不大，但是根據不同的目的和用途，資訊加工的結果也會不一樣。資訊愈難蒐集、內心愈著急的時候，愈容易被他人創造出來的資訊吸引。一不小心可能就會上當，所以要多注意這一點。

　　這種時候最好的方法是確認原始資訊。不要直接使用某人整理好的資料，最好找到該資料引用的原文，確認看看原始數據，再從中提取需要的資訊。找到經

過加工的資訊的原文之後，發現原文和加工過的資訊
天差地遠的情況相當常見。遇到這種情況的話，最好
不要使用加工過的資訊。難以確認原始出處的加工資
訊最好也盡量不要用。如果報告提到加工過的資訊，
被問及「誰說的？」卻又答不出來，整份報告有可能
會變得不可信，而且再也無法恢復閱讀者的信賴。

　　雖然現在應該沒有這種事情了，但是以前在 Naver
搜尋東西的時候，很常看到「小學生」上傳的回答。
職場人士上了小學生的當，那還得了？所幸現在應該
沒有這種事了，但是危險度僅次於此的正是「維基百
科」。誰都可以自由地編輯維基百科的資訊。雖然偶有
專業資訊能拿來有效利用，但是有些上傳內容看似事
實，實則是上傳者的個人見解。所以對於經過加工的
資訊，或是網路上唾手可得的資訊，要先抱持懷疑的
態度，確認看看。

資訊的條件 2　務必交叉檢查

　　做企劃的時候，需要從全面的多元角度看待問題的

批判性思考。處理資訊的時候，尤其需要這種批判性思考，也就是「合理懷疑」資訊。這是事實嗎？如果不是的話怎麼辦？這個資訊正確嗎？這個資訊會不會是假的？雖然有時候經過合理懷疑，還是會碰到錯誤資訊，但是合理懷疑資訊本身和無條件接收資訊之間，有著巨大的差異。應該基於合理的懷疑，從各個方面交叉檢查（cross-check）資訊。

　　首先要懷疑的是資訊出處的可信度。我曾出版《初次聽到的科學故事》(처음 만나는 뇌과학 이야기) 和《工作大腦》(워킹 브레인)，這兩本書分別是以腦科學為基礎的科普書和討論領導能力的書，但是我的經歷和腦科學領域無關。雖然個人學習了很久的腦科學，具有國家認證的腦力訓練師證照，可是我不曾在正規的教育體制內學習神經科學，也沒有相關的工作經歷。所以出版這些書的時候，出版社也曾懷疑我的專業性。

　　雖然對我來說不是很愉快，但是出版社這麼懷疑也很合理，情有可原。我不曾有系統地學習神經科學，也沒有相關經歷，出版社卻需要相信我寫的東西，投

資好幾千萬韓元，這或許是一件很冒險的事。當然我不是盲目出書、欺騙讀者的人，所以還是有很多出版社願意出版我的書，而出版社驗證我的專業性也是很正當、正確的程序。

資訊的條件3　必須掌握來源的所有東西

　　確認資訊來源的時候，必須確認清楚資訊提供者是否具備充分的經驗、知識或專業能力等專業性。分不清豬肉和牛肉的人寫的美食評價值得信賴嗎？若是使用那種人提供的資訊，專業性很容易遭到懷疑，而且有可能發生爭議。除此之外，醫學雜誌所討論的藝術作品資訊可信度，不管怎樣都會比在專門討論藝術作品的雜誌上看到的資訊還要低。

　　另外，還要檢查資訊提供者的傾向或資訊來源的傾向。極右團體和中立性質的團體針對進步派政府所說的話不可能一樣。此外，平常想法負面的人以負面的態度看待每件事。這種人極有可能戴著有色眼鏡看待銷售下滑的原因。什麼事都不放在心上、生性樂觀的

人，就算發生了嚴重問題，也有可能沒有察覺，所以這種人找到的銷售下滑原因可信度也不高。

因此，蒐集資訊的時候也要考慮到來源或資訊提供者的傾向，應該以對方的可信度為基礎，分析資訊。

聲譽也會造成影響嗎？當公共廣播還是韓國政權的傳聲筒的時候，沒有人會全盤接收公共廣播的內容。公營廣播臺只會提供迎合政權喜好的資訊，所以是臭名昭彰的「馬屁精」。如果問題成因的相關資訊提供者平常愛說周遭人的壞話，或是出了名愛批評他人，那這個人說的話值得信賴嗎？反之，如果是平常備受尊敬仰慕的人說的話呢？就像這樣，情報提供者、情報來源的聲譽也是判斷資訊可信度的標準。

還要考慮到資訊的直接性和間接性。資訊是不是企劃者本人或提供者親眼所見、親耳所聞或親身經歷的事？從第三方那聽來的事情可信度有多高？所謂的謠言便是來自散播沒有親自聽到或看到的事實的人們。碰到企劃者或資訊提供者沒有親眼看過或親耳聽到的資訊，要像我剛才說的一樣，直接找出並確認原始資

訊或原始出處。

　　觀察和推論亦是如此。觀察是如實敘述親眼所見的東西，推論是加上個人的意見。譬如說，「明洞商圈的中國遊客不如以前多」這句話屬於觀察。「明洞商圈的中國遊客不如以前看到的多，看來中國的景氣不好。」這句話則屬於推論。觀察不包含判斷，但是推論包含了判斷並混合主觀意見。但如果不湊巧的是，只有說話者去明洞的時候中國人很少，其他日子都有很多中國遊客，說話者的發言便可能導致嚴重的錯誤。

know-where 比 know-how 重要

　　蒐集資訊的方法或過程也要謹慎小心才行。企劃者蒐集資訊的方法之一是問卷調查和採訪。但是問卷調查和採訪藏著天大的陷阱。那就是受訪者的內心想法和表面上的回答可能不一樣。一般來說，問卷調查者會拿問卷給受訪者回答。作答和倫理、道德有關或可能會暴露私生活的提問時，受訪者害怕調查者看到自

己的回答，所以可能會做出跟事實不符的回答。

　　進行問卷調查或採訪的時候，應該排除引導受訪者回答自己想要的答案的提問。乍看之下，受訪者的意見看似事實，但是從故意引導受訪者這個層面來說，受訪者的回答應該被分類為意見才對。問卷調查或採訪的目的不在於引導受訪者回答自己想要的答案，而是透過提問找到連受訪者也不知道的事實或潛在需求。最好在提問和應答的過程之中，讓受訪者自然地流露內心想法。

　　不是說「答案就在現場」嗎？蒐集資訊的最佳方法是到現場親自體驗看看，並進行採訪和觀察。而且這也是設計思考流程中正確定義問題的第一步。

　　周圍資訊氾濫成災，高級資訊普遍化，是跟著世界變化出現的現象之一。網路空間充滿資訊，例如一般人也能具備特定疾病的專業知識。所以才會說「know-where 比 know-how 更重要」。一般的 know-how 現在都是公開的，誰都能拿來用，但是知道它在哪更為重要。就算眼下不具備相關知識，只要知道資訊在哪，就能

找到需要的資訊來用。

　　企劃者必須具備獨一無二的資訊蒐集 know-how。一般來說，平日在做的工作都大同小異，昨天做過的事、今天做的事和明天要做的事都一樣。也就是說，執行工作所需要的資訊在某種程度上是固定的。那麼，我們應該養成習慣，掌握清楚經常使用的資訊的來源，定期更新接收到的資訊。

　　此外，也不能疏忽了建立人脈。只會坐在辦公桌前做事的人，絕對不是擅長做事的人。雖然可以透過網路獲得資訊，但是有價值的資訊大部分都是來自他人，很難不透過別人就獲得最新資訊或稀有資訊。因此，不能疏於和自己的工作領域相關的人建立網絡。

　　即使認識的人手上沒有資訊，也能透過自己建立的人脈取得資訊。有需要的話，也應該考慮看看和競爭公司的人打交道。我在 C 公司上班的時候，會定期和競爭公司的策略規劃組成員見面。我會在這個場合透露一些我們公司的資訊，同時獲取競爭公司的資訊，那些資訊對於執行工作大有幫助。雖然要嚴格管理會

對公司事業造成關鍵影響的資訊，但是透露基本資訊的同時獲得對方的資訊，也是一種取得資訊的策略。

　　如同前面所說的，我們已經步入了 know-where 比 know-how 更重要的時代。我們能利用的資訊品質可能都差不多，所以可以多快取得高品質資訊的能力，在這個時代逐漸變成判斷一個人的企劃能力的標準。若平日疏於管理資訊來源，等到真正需要的時候，可能就會碰到不易取得資訊的困難。所以建立一份自己的資訊清單，努力定期更新資訊，也是做好事情的訣竅。

Chapter 10
過關的企劃
有賴於溝通

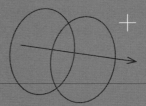

　　你曾經遇過辛苦寫好的企劃案遭到上司反對，好像
什麼也沒發生過的情況嗎？你野心勃勃提出的內容，
曾經因為上司的一句「不行」而化為泡沫嗎？只要是
職場人士，應該都嘗過做報告的苦頭。當自己寫的報
告被上司擋了下來，無法繼續推進的時候，該怎麼辦？
要直接放棄嗎？還是要努力說服上司？雖然有時候需
要看情況放棄或繼續說服，但是如果說服不了上司，
報告被退了回來，辛苦付出的努力都會變得徒勞無功。
說得嚴重一點，等於做了白工。

　　基本上，要抱持說服閱讀者的心態來寫報告。無論
事前付出多少努力，無法說服他人的文件，最後還是
無法取得任何的成果。怎麼做才能寫出具有說服力的
報告呢？應該寫上司挑不出毛病，邏輯上無懈可擊的
報告嗎？還是要用跟知名小說家一樣精采的文筆，寫
出有如文學作品的報告？深入瞭解企劃，會發現寫報
告也是需要訣竅的。

◣ 比邏輯還有分量的是信賴 ◥

亞里斯多德認為邏輯（logos）、情感（pathos）和人格（ethos）是說服成敗的三大影響因素。所謂的邏輯是指要能讓他人相信內容的合理性。情感是指能激發聆聽者的感情、情緒變化的感動。人格則是指說話者的人格、試圖說服他人的人顯露出來的信賴與公信力。

根據亞里斯多德的說法，這三種因素之中，對說服影響最大的是人格（影響程度達 60%）。意即說話者的人格或公信力最重要。第二重要的是能給聆聽者帶來感動的情感說服，影響程度約為 30%。讓我們想破頭的邏輯對說服的影響程度才占了 10%。

雖然這個說法有點驚人，但是仔細想來，的確如此。雖然我們總是想利用無懈可擊的邏輯來說服他人，但是自己被他人無懈可擊的邏輯說服的情況更常見。如果是因為對方的邏輯完美無缺，不得不聽對方的，有時會隱約覺得自己輸了，心情不是很好。但是被自

己相信、信賴的人說服時，反而會自然而然地認為是因為自己想做才被說服的。

　　所以提高他人對自己的信賴度是說服他人的最佳方法。可惜的是，信賴並非一朝一夕就能累積。我們的「情感銀行」需要一點時間來累積餘額。那麼，缺乏信賴感或公信力的人就沒辦法說服別人嗎？當然不是。因為還有情感這個對說服影響很大的因素。

　　雖說人類是理性的存在，但我們其實是有情感的動物。所有的決策都伴隨著情感。世界級腦科學家安東尼歐‧達馬吉歐（Antonio Damasio）表示感受不到情感的人，在做決策的時候經常犯錯。仔細想想看，你中午吃的食物是因為你想吃才吃的；買衣服的時候，也是因為你感到滿意才買下來的。「想吃」或「感到滿意」都屬於情感的表現。這個食物熱量多高、對消化吸收多有幫助？穿上這件衣服的時候，看起來多聰慧？我們挑食物或衣服的時候，不會做如此理性的分析。

　　寫報告的時候也一樣。我們總是想寫出有邏輯的完美報告，但是這麼做不一定就能提升說服力。更重要

的是，要動搖對方的心，使其接受報告內容。能發揮
此作用的就是情感。你可能會覺得談判是最理性、最
有邏輯的分析行為，但是哈佛大學的教授在教學生如
何談判的時候表示：「如果有想要的東西，就去動搖對
方的情感」。也就是說，情感對說服成敗的影響很大。

◣ 強調對方能獲得的好處 ◥

那麼，怎樣才能動搖他人的情感？《智勝憤怒》
(*Outsmarting Anger*) 的作者約瑟‧施蘭德 (Joseph A.
Shrand) 表示人類在資產、領域或關係方面遭受損失的
時候會感覺到憤怒。

資產可以分成有形資產和無形資產。有形資產是指
可見的房屋、汽車或是公司裡的職位或職級。如果停
在停車場的車子遭人毀損，或是有人闖入屋子偷走珠
寶，我們會感到生氣。如果哪天突然被剝奪組長的職
銜，來了新的組長，會產生一股無法遏止的怒氣。如
果你做的報告被上司拿去用，彷彿那是他自己親自做

的，你肯定會感到憤怒。或者是像我這樣的演講者，辛苦做好的內容被人擅自拿去使用，我也會生氣。這也屬於資產受到損失的情況。

　　領域是人類的本能之一。每個人都有自己的領域，都會想要守住它。業務人員有自己負責的區域。如果隔壁同事在自己的業務範圍偷偷跑業務，會有何感受呢？這個比喻可能不太好，但黑社會暴力組織也會為了自己的地盤賭上性命。老闆或高層也有各自的領域，那就是他們自己的辦公室，所以斥責或教訓下屬的時候會把人叫到自己的領域。大家聚在一起工作的辦公室不是他們的領域，所以上司不會在那種地方斥責或訓誡下屬。談判的時候，場所也會造成很大的影響。在自己的主場談判的時候，勝率會提高 50%。

　　有哪些是無形的領域？例如 R&R 就是。通常小組或個人會被分配到特定的 R&R，但有時候也會發生 R&R 不明確的情況。這種時候大家都互相搶著要做適合給自己爭光的工作，如果是很難替自己加分或棘手的工作，便會互相踢皮球。當認為屬於自己的 R&R 被

其他小組或他人搶走，或是別人把不想做的事情推給自己做的時候，我們會感到生氣。這些都是領域遭受損失的情況。

　　人類是社會性動物，所以關係遭受損失也是感到憤怒的原因之一。就像韓國歌手金健模《錯誤的相遇》的歌詞，如果朋友搶走自己喜歡的人，我們會生氣。如果你備受上司寵愛，但是新來的員工因為資歷豐富，做事俐落，因此漸漸獨占上司的寵愛。原本自己是上司的左右手，但是獨占寵愛的光榮不再，你和上司的關係不知不覺變得疏遠的話，你還能若無其事地想著「人生就是這樣」而輕鬆帶過嗎？你當然沒辦法做到，內心一定會怒火中燒。說不定還會絞盡腦汁，思考該如何不動聲色地除掉那個人。

　　當自己的資產、領域或關係受損的時候，無論是誰都會感到憤怒。反之，如果可以獲得資產、領域或關係方面的利益，我們會感到喜悅。如果年薪或獎金等金錢利益變多，或是擔任重要職責等在資產方面獲得好處，便會感到開心。從領域方面來看也是如此。自己的才能

獲得認可，被賦予更重要的角色，處於比同事有利的
位置，就會感到高興。受到上司寵愛，給人值得信賴
的印象，關係獲得改善，職場生活飛黃騰達，也是令
人高興的事。如果是能對資產、領域或關係帶來好處
的事情，無論是誰都會想去做。

　　我們要利用的就是這一點。動搖他人情感，就是告
知他人有助於資產、領域或關係的事實，使其產生關
注或採取行動。如果想讓上司接受企劃的成果，就得
動搖上司的情感，讓上司對報告內容感到滿意。為此，
企劃者要說明企劃的成果對報告閱讀者的資產、領域
或關係有何幫助。企劃成功執行的時候，能替上司的
資產帶來什麼利益、在領域方面能獲得什麼幫助，以
及在關係方面能獲得怎樣的改善。

　　現在回顧一下前面討論過的 A 超市 X 分店的案例。
X 分店正面臨商品和員工競爭力低下，導致長期生存
堪憂的局面。企劃者想讓新任分店店長意識到情況的
嚴重性，因此報告要採取改革行動，成為「像銀行一
樣值得信賴的超市」。但如果像這樣報告分店現況，報

告閱讀者可能很難判斷是否要照做。這個時候，就需要從資產、領域和關係層面來影響店長的情感。

X 分店雖然面臨嚴重的情況，但是好好克服目前的危機的話，還是有機會好轉。若在客人心中留下超市和銀行一樣值得信賴的印象，便會有更多的客人光顧，銷售或收益也能獲得改善。改革成功的話，A 超市可能會全面性地觀察 X 分店，那麼新任店長的經營能力將有機會獲得認可。

另一方面，X 分店的經營改革成功案例將在 A 超市內部成為熱門話題，分店店長也會被視為該領域的專家，站穩腳跟。那麼，也能加深店長和 CEO 的關係，比其他分店店長更有優勢。分店員工也會認可店長是有能力的上司，為了成長，願意跟隨店長的員工也會變多。當然也少不了改革成功帶來的獎勵。

書面報告或口頭報告中必須提及這些內容才行。報告閱讀者原本還半信半疑，但是看到可以透過改革活動獲得的資產、領域或關係方面的好處的時候，情感會被動搖，很可能以友善的態度看報告。

　　雖然我們不會展現出自己的決策受到情感影響，但是至少會在內心這麼想。因此，如果想說服他人，成功執行企劃的話，就要強調資產、領域或關係方面的好處，藉此影響閱讀者的情感。不過，有一點需要注意，不能給人太露骨或傲慢的感覺。例如，「這麼做的話，分店店長您可以升遷。」如果這樣說，反而可能引起反感。應該表達清楚的部分要明確地表達，不應該明確表達的則要使用比喻或委婉地強調好處。

感謝與稱讚可以打動人心

　　另一個增加說服力的方法是，提升報告閱讀者的地位感。人類雖說是理性的存在，但實際上更接近於感性的存在。做決策的時候，比起冷靜分析和評價的理性思考，人們往往會被情感牽著走。我們跟朋友見面的時候會吃什麼？當然是吃想吃的東西。去買衣服的時候會挑哪件衣服？當然是挑感到滿意的衣服。想吃的東西或感到滿意的衣服，都不是經過分析的理性判

斷，不過是被情感擺布而做出的選擇。

　　人類做出的決策很大程度上受到情感左右。研究結果顯示情感能力低下的人，決策能力也較低。所以想說服報告閱讀者的話，必須動搖對方的情感。而方法之一便是提升對方的地位感。

　　地位感，這個詞彙聽起來可能有點陌生。換個說法，可以說成「心理排序」。人類有幾種本能。根據美國心理學會（APA），人類的本能可以分成生存、繁殖、依戀、領域和排序。

　　依戀是什麼？據說，年幼時期和父母的依戀關係會決定一個人的性格。某個實驗將剛出生的猴寶寶和猴媽媽分開，製作了兩種模型代替猴媽媽。一個是鐵絲製作的，身體上有像母猴乳頭的胸部。另一種模型則是以毛皮包覆的木塊，毛皮的觸感和母猴的肌膚一樣。實驗人員觀察了猴寶寶會選擇哪個模型。

　　實驗人員以為猴寶寶會選擇有母猴乳頭的鐵絲模型，結果猴寶寶選了沒有乳頭但能感覺到母猴溫暖的毛皮模型。這個實驗顯示依戀是動物的本能。小孩子

和媽媽分開的話，會感覺到分離焦慮，也是出自於依
戀本能。

　　前面解釋過領域本能了，現在要說明的是排序本
能。所有的動物都渴望處於較高的地位。在野生環境
中排序較高的話，生存的可能性也會增加。想想看獅
群或猴群，雄性社群首領可以獨占所有的獵物和雌性，
在生存和繁殖方面占有絕對的優勢。而且如果排序提
升了，壓力也會減少。

　　有一種現象叫做「啄序」(pecking order)。在籠笆內
放入 100 隻公雞，會發生激烈的啄序現象。公雞為了
成為雄性社群首領，你爭我奪。經過一天之後，公雞
群會從第一名排序到第 100 名。排序高的公雞會啄排
序低的公雞雞冠來排解壓力。第一名的雄性社群首領
隨時都可以啄其他 99 隻公雞的雞冠。第 50 名則可以
啄剩下 50 隻公雞的雞冠。第 100 名呢？誰也不能啄，
只能被其他 99 隻公雞啄。第一名雖然沒有壓力，但是
第 100 名肯定壓力很大。實際上，排序愈高，壓力荷
爾蒙皮質醇的分泌愈少，壽命也愈長。

　　排序對於生存和繁殖有絕對性的好處，而且受到的壓力也比較小，所以沿襲動物習性的人類也擺脫不了排序的欲望。想要考進比別人好的大學、想要到比別人好的公司上班、想要賺比別人多的錢、在職場上想比別人還要快爬到高位。嘴巴上說「細水長流」，看似對排序毫無興趣的人內心也會渴望爬得比別人高。除了可見的排序欲望，還有隱形的排序欲望，我們稱之為心理排序。

　　表露心理排序的代表性現象為「炫耀」和「詆毀」。現代人誰沒有一、兩個社群帳號？無論是臉書、IG 或推特等等，至少使用一個以上的社群平台。但是大部分的人使用社群平台，是為了自我炫耀。使用社群平台的目的是想告訴周遭人自己去了不錯的地方旅遊、買了好看的衣服包包、吃了看起來好吃又精緻的食物、賺到大錢或取得了成功。

　　反之，沒什麼好炫耀的人不使用社群平台。你在社群平台看過誰上傳被部長責罵的照片，或是哭訴被公司解僱有經濟困難的貼文嗎？社群平台的存在是為了

炫耀。

　　但如果沒有東西可以炫耀，會發生什麼事？若想提升心理排序，就要有可以炫耀的東西，而沒有的時候，只能將別人拉低到跟自己同個水準。那樣自己的心理排序才會和對方一樣，詆毀就是這麼來的。排序本能帶來的就是詆毀。詆毀絕非善行，卻很難斬除，因為它出自人類的本能。

　　人類渴望提升心理排序，也就是地位感。而提升地位感的方法有兩種:稱讚和感謝。如果能和報告內容結合起來，在報告中稱讚和感謝報告閱讀者的話，對方會覺得自己的地位感提高，因而被打動。

　　職場人士通常會覺得「上司是邪惡的代表，我是正義使者」，但是和上司之間的關係也有可能會影響到職場生活順遂與否。尤其是在說服上司接受自己的企劃內容的時候更是如此。報告時加一點稱讚和感謝的話，報告閱讀者也會寬容許多。也就是說，要累積性格信用（idiosyncrasy credit）。性格信用由艾德溫‧霍蘭德（Edwin Hollander）提出，意指某個人在其他組織成員

內心所累積的正面印象。

　　韓國有句話說「稱讚能讓鯨魚也翩翩起舞」。稱讚是激發自主性動機和工作熱情的最佳方法之一。聽到稱讚的話，快感荷爾蒙多巴胺的分泌量會增加，紋狀體變得活躍。獎勵中樞或快樂中樞也會啟動，這個部位和獲得豐厚獎金或中樂透的時候啟動的部位相同。獲得渴望已久的東西或見到想見的人時，啟動的部位也是這裡。據說此部位啟動的時候，能感受到如同年薪增加 1% 的滿足感和成就感。

　　此外，稱讚也是刺激人類地位感的好方法。我們會透過獲得認可的感覺，確認自己的地位穩定性，並且更加信賴給予稱讚的人。某個調查結果指出 94.4% 被認為值得信賴的人，十分擅長稱讚他人。被稱讚的人會自發性投入工作，交流變多，為組織付出的意志力變強。

　　有些人可能會覺得這個現象主要是在上司稱讚下屬的時候出現，認為大部分的稱讚是由上司對下屬說的。但是換個立場來看，上司也是渴望獲得他人稱讚的普

通人，稱讚者不一定得是自己的上司。下屬也可以對上司做得好的部分給予稱讚。上司不會因為是被下屬稱讚就覺得討厭。稱讚能讓鯨魚也翩翩起舞，所以無論是誰，獲得稱讚時心情都會變好。對於稱讚者的信賴感也會提升，情緒高昂，情感和人格同時發生變化。

　　但是我在演講提到這一點的時候，大家都會以「是要我對上司阿諛奉承嗎？」的表情看著我。這絕非要大家阿諛奉承的意思，而是要大家說出事實。就算是讓自己感到辛苦的上司，能當上司的人必定有值得學習和稱讚的地方。只要找到這一點並說出來就可以了，不需要誇大其辭，也不必連連稱讚。

　　即使是短短的一句讚美，聽到的人也會感到開心。心情一開心，自然就會產生聽他人說話的廣闊心胸。聆聽者有了正面接受他人想法的從容心情，自己說的話也會變得有說服力。所以我才會要大家稱讚上司。「多虧組長，我才能掌握到方向。」、「多虧組長的幫忙，蒐集資訊的時候輕鬆了很多。」這些也不是很難說出口的話，對吧？

反過來想想看，很多領導能力教育課程都會強調稱讚多於指責，但是對上司來說稱讚下屬就是一件簡單的事嗎？知識及閱歷豐富的上司覺得下屬不夠聰明，總是有所欠缺，也是很正常的。儘管如此，上司還是會壓抑想法，試著稱讚下屬。那樣的話，下屬為什麼要吝於稱讚上司呢？稱讚能讓人手舞足蹈，何樂不為？

◣ 企劃，需要的終究是溝通 ◥

職場人士需要不斷地做出成果來。做不出成果的人沒有理由待在組織內。收到上司的指示，執行企劃工作，自己的企劃付諸實現，創造出結果的時候，便會產生所謂的成果。熬夜努力工作本身不能說是成果，因為企業不是讓你學習的地方。企劃者應努力讓自己的企劃得以執行，而最後一個階段就是要說服上司。通過上司這關，企劃才得以執行並取得成果。

那麼，為了實現自己的想法，說服上司不也是企劃工作的延伸嗎？希望大家能從這個觀點來理解我要大

家稱讚上司的說辭。我不是要大家口沫橫飛地對上司拍馬屁。只是，就算問題定義得再準確，清楚掌握了關鍵原因，導出完美的解決方案，如果無法說服上司接受，那麼工作實績就是「零」。

既然都提到了，我便再多說一句。以前在職場打滾的時候，我很討厭「政治」，搞職場政治的人在我眼裡就像蟲子。但是後來想想，我反而產生了職場政治有其必要的想法。政治是為了獲得自己想要的東西，發揮個人力量的過程。為了執行自己認為有必要執行的事，需要人力、金錢、時間和組織的支持等等。如果沒有這些，就沒辦法實現自己的想法，也無法取得成果。

政治只是讓自己的想法實現的手段之一。為了掌握大權的權力競爭才是問題，政治本身還是有其必要性。因此，不需要吝於稱讚上司，也不用感到抗拒。

要和稱讚雙管齊下的是表達謝意。上司會不知不覺地幫助事情順利進行。雖然的確也有些上司真的什麼也不做，但是上司也需要做出成果來，所以會想幫助執行者順利把事情做好。就算可能會因為協助的方式

不太好而被底下的人罵，上司那麼做也是希望事情可以順利進行。若能發現這一點並且表達謝意，上司也會反省自己的行為舉止。

聽到謝語的時候產生的效果和被稱讚的時候一樣。獎勵中樞啟動，心情變好，對表示謝意的人產生好感。做最後一份工作的時候，我派了工作給下屬，雖然我試圖提出具體的方向，但是下屬常常無法理解。遇到這種情況時，我不會斥責對方，而是一邊描述整體的格局，詳細地解說該怎麼解決問題。當時有個員工每次都會對我表示謝意。聽到幾次後，我便問他：

「你為什麼常常說謝謝？」

「因為多虧您指出我不知道的部分，我才能找到解決事情的頭緒，所以我真的很感謝您。」

因為這件事，我對那位員工的態度發生了變化。就算是小事我也想費心指導，多照顧他一點。而那位員工當然也為我帶來了成果和好處。

雖然這麼說有點像是在自我炫耀，但我想表達的是，感謝具有打動人心的力量。要注意的是，不要將

感謝的心意憋在心裡，要表現出來。如果覺得「不用說對方也會知道」的話，那你就失策了。如果你誠心誠意地善待某人，但是對方連一句感謝的話都沒有，你作何感想呢？那樣只會積累誤會。你不僅會感到失望，甚至有可能會討厭對方，產生不好的印象。

如果下屬對平常善待自己的上司連句感謝的話都沒有，上司很難保持公正的態度看待下屬。當下屬提出報告的時候，上司能給出中立的反饋嗎？說不定會找碴刁難。下屬可能會覺得無故刁難自己的上司是老頑固，但是這也有可能是因為下屬自己平常的行為舉止有問題。雖然胳膊向內彎是人之常情，但是有時候也需換個立場思考看看。

總之，打動人心的最佳方法之一是稱讚和感謝。所以在說服上司的階段也要善加利用這一點。雖然表示稱讚和謝意之後，不一定可以百分之百說服上司接受執行者的想法，但是至少上司會給予正面或中立的反饋。回顧一下先前提到的 A 超市 X 分店案例。員工可以先表示「多虧店長上任後做了許多事，分店的情況

改善了很多。」之後再報告目前的經營情況。或者是
聽到了正面的顧客心聲，可以將其視為店長的功勞。
像這樣適當地在報告中穿插稱讚和感謝話語，可以提
升報告的說服力。

後記
《精準企劃》結語

當我下定決心要寫一本關於企劃的書之後，我第一件做的事是回想做企劃的時光。許多場面從我的腦海中一閃而過，最常想到的是企劃被拒絕的時候，上司所給的大同小異的反饋。我曾目睹過幾次報告者感到難堪或困惑的表情。現在在職場工作的企劃者應該還是碰過這種事情吧。

為了仍在苦思「我的企劃到底為什麼會被退回來？」的職場人士，我想分享這25年來累積的訣竅和工作方法，利用各種案例和圖表，簡單地呈現可以立刻學以

　　致用的方法。雖然有些部分我也覺得再描述得具體一點會比較好，但是礙於書籍的篇幅有限，很遺憾沒辦法全部都展現出來。

　　如同我在開頭所說的，希望原本令各位感到茫然、困難的企劃，現在是沒那麼陌生，而且對該做的事情一目瞭然的工作。撰寫此書的時候，我參考了幾本書:《文件撰寫技巧》(문서작성의 기술)、《企劃案的祕密代碼》(기획서 시크릿 코드)、《什麼是企劃》(기획이란 무엇인가)、《金字塔原理》(*The Minto Pyramid Principle*)、《批判思考導論》(*Critical thinking*)、《問題解決專家》(問題解決プロフェッショナル「思考と技術」)。這些書提供了許多關於做企劃的實際建議，推薦各位也讀讀看。

　　最後，在我決定出這本書的時候，飯還吃得津津有味、健康地散步的「小露珠」，在此書出版之前便辭世，永遠離開我了。因為忙著寫作的緣故，沒時間陪牠，我感到很抱歉，至今仍不敢相信牠已經不在我身邊。由衷希望有一天能在通往天堂的階梯前與牠相遇。

實用知識 77

精準企劃
搞懂客戶意圖，正確定義問題，十大技巧寫出一次通過的好企劃
기획자의 일：아이디어, 실행, 성과까지 일의 흥망성쇠를 좌우하는

作　　者：梁銀雨
譯　　者：林芳如
責任編輯：簡又婷
校　　對：簡又婷、林佳慧
封面設計：木木 Lin
版面設計：Yuju
內頁排版：廖健豪
寶鼎行銷顧問：劉邦寧

發 行 人：洪祺祥
副總經理：洪偉傑
副總編輯：林佳慧
法律顧問：建大法律事務所
財務顧問：高威會計師事務所
出　　版：日月文化出版股份有限公司
製　　作：寶鼎出版
地　　址：台北市信義路三段 151 號 8 樓
電　　話：（02）2708-5509　傳真：（02）2708-6157
客服信箱：service@heliopolis.com.tw
網　　址：www.heliopolis.com.tw
郵撥帳號：19716071 日月文化出版股份有限公司

總 經 銷：聯合發行股份有限公司
電　　話：（02）2917-8022　傳真：（02）2915-7212
印　　刷：禾耕彩色印刷有限公司
初　　版：2021 年 8 月
定　　價：360 元
ＩＳＢＮ：978-986-0795-17-2

國家圖書館出版品預行編目資料

精準企劃：搞懂客戶意圖，正確定義問題，十大技巧寫出一次
通過的好企劃／梁銀雨著；林芳如譯．-- 初版．--
臺北市：日月文化出版股份有限公司，2021.08
320 面；14.7 × 21 公分．--（實用知識；77）
譯自：기획자의 일：아이디어, 실행, 성과까지 일의 흥망성쇠
를 좌우하는
ISBN 978-986-0795-17-2（平裝）
1. 企劃書

494.1　　　　　　　　　　　　　　　　110010548

日月文化集團
HELIOPOLIS
CULTURE GROUP

感謝您購買 **精準企劃** 搞懂客戶意圖，正確定義問題，十大技巧寫出一次通過的好企劃

為提供完整服務與快速資訊，請詳細填寫以下資料，傳真至02-2708-6157或免貼郵票寄回，我們將不定期提供您最新資訊及最新優惠。

1. 姓名：＿＿＿＿＿＿＿＿＿＿＿＿＿ 性別：□男　　□女

2. 生日：＿＿＿＿年＿＿＿＿月＿＿＿＿日　職業：

3. 電話：（請務必填寫一種聯絡方式）

　（日）＿＿＿＿＿＿＿＿＿（夜）＿＿＿＿＿＿＿＿（手機）＿＿＿＿＿＿

4. 地址：□□□

5. 電子信箱：＿＿＿＿＿＿＿＿＿＿＿＿＿＿＿＿＿＿＿＿＿＿＿＿

6. 您從何處購買此書？□＿＿＿＿＿＿＿縣/市＿＿＿＿＿＿＿書店/量販超商

　□＿＿＿＿＿＿＿網路書店　　□書展　　□郵購　　□其他

7. 您何時購買此書？　　年　　月　　日

8. 您購買此書的原因：（可複選）

　□對書的主題有興趣　　□作者　　□出版社　　□工作所需　　□生活所需

　□資訊豐富　　　□價格合理（若不合理，您覺得合理價格應為＿＿＿＿＿）

　□封面/版面編排　　□其他＿＿＿＿＿＿＿＿＿＿＿＿＿＿＿

9. 您從何處得知這本書的消息：　□書店　□網路／電子報　□量販超商　□報紙

　□雜誌　□廣播　□電視　□他人推薦　□其他

10. 您對本書的評價：（1.非常滿意 2.滿意 3.普通 4.不滿意 5.非常不滿意）

　書名＿＿＿＿　內容＿＿＿＿　封面設計＿＿＿＿　版面編排＿＿＿＿　文/譯筆＿＿＿＿

11. 您通常以何種方式購書？□書店　　□網路　　□傳真訂購　　□郵政劃撥　　□其他

12. 您最喜歡在何處買書？

　□＿＿＿＿＿＿＿縣/市＿＿＿＿＿＿＿書店/量販超商　　□網路書店

13. 您希望我們未來出版何種主題的書？＿＿＿＿＿＿＿＿＿＿＿＿＿＿＿

14. 您認為本書還須改進的地方？提供我們的建議？

＿＿＿＿＿＿＿＿＿＿＿＿＿＿＿＿＿＿＿＿＿＿＿＿＿＿＿＿＿＿＿

＿＿＿＿＿＿＿＿＿＿＿＿＿＿＿＿＿＿＿＿＿＿＿＿＿＿＿＿＿＿＿

＿＿＿＿＿＿＿＿＿＿＿＿＿＿＿＿＿＿＿＿＿＿＿＿＿＿＿＿＿＿＿

＿＿＿＿＿＿＿＿＿＿＿＿＿＿＿＿＿＿＿＿＿＿＿＿＿＿＿＿＿＿＿

預約**實用知識**，延伸**出版價值**

預約**實用知識**，延伸**出版價值**